这就是我想住的家
——爱上糖系风

杨锋　编

江苏凤凰科学技术出版社·南京

图书在版编目（CIP）数据

这就是我想住的家 ：爱上糖系风 / 杨锋编． —— 南京 ：江苏凤凰科学技术出版社，2022.4
ISBN 978-7-5713-2760-6

Ⅰ．①这… Ⅱ．①杨… Ⅲ．①住宅－室内装修－建筑设计 Ⅳ．①TU767

中国版本图书馆CIP数据核字(2022)第017584号

这就是我想住的家——爱上糖系风

编　　　者	杨　锋	
项 目 策 划	凤凰空间·深圳	
责 任 编 辑	赵　研　刘屹立	
特 约 编 辑	黎　丽	

出 版 发 行	江苏凤凰科学技术出版社
出版社地址	南京市湖南路1号A楼，邮编：210009
出版社网址	http://www.pspress.cn
总 经 销	天津凤凰空间文化传媒有限公司
总经销网址	http://www.ifengspace.cn
印　　　刷	北京博海升彩色印刷有限公司

开　　　本	710mm×1000mm　1 / 16
印　　　张	10
字　　　数	134 000
版　　　次	2022年4月第1版
印　　　次	2022年4月第1次印刷

标 准 书 号	ISBN 978-7-5713-2760-6
定　　　价	68.00元

图书如有印装质量问题，可随时向销售部调换（电话：022-87893668）。

序

　　请在一个温暖明媚的清晨打开这本书，感受"糖系风"扩散开来的丝丝渗入空气中的微甜滋味。糖系风的使命是连接情感与空间，让幸福变成可以物化的实体——家。奶茶色的窗帘、乳白色或粉色的家具、羊毛或棉麻的亚光质感，若有似无的暖意自然流动。让家如同一双轻柔温暖的手，抚平内心的褶皱。在流转变化的四季中，家似有平稳踏实的力量包裹着我们，其中也蕴藏着有无限意趣的快乐时光。

　　糖系风的关键词是温暖、安定、舒适、愉悦。在这样的家中，我们可以褪下奔波和工作的疲惫，享受花朵和烘焙的甜香，以及被柔软沙发包容的片刻慵懒。当这些日常的琐碎融入恬淡的美好时光中，心也慢慢沉静下来，让我们花点时间去擦拭一片绿叶，阅读一本书，去细细体味生活中细微的温暖。家的风格亦同于人，能够在时间变迁中不被他人定义，在有限的空间尺度里绽放温暖，这就是当代年轻人所期待的幸福家。

　　糖系风能够在时下流行的轻奢风、极简风、日系风等风格中独树一帜，并经久不衰的原因是它独有的温暖治愈感。色彩是糖系风的内核，细腻的色彩变化可以演绎出与众不同的温暖宁静气质。糖系空间中常用大地色系、莫兰迪色系等接近肤色的颜色，以及能传达出轻松愉悦感的明快的马卡龙色系，当你踏入空间的瞬间，清新柔和的色彩便可让人放下戒备，使心灵得到放松和治愈。除此之外，圆润造型的家具，柔软、亚光的材质质感及弧线造型是空间里的灵魂，对多种元素通过合理的方式进行调配即可演绎出丰富多样的糖系感受。

　　而本书正是写给热爱生活的你的。或许你爱好读书、旅行，内心敏感充盈，渴望清新的家；又或许你喜欢钻研、探索与收藏手工艺品，对老物件、旧家具情有独钟，渴望浓郁复古的家；抑或你热爱时尚、烘焙与花艺，常常灵感闪现，对闪亮的器物、缤纷的色彩和柔软的家具难以抵挡，倾心于明朗时尚的家。你忍受不了千篇一律、样板间一般的家，或者酒店式的过度包装，你期待拥有温暖自由的家，各种物件可以随心或合理归置，不用全部藏进橱柜中，希望家能传达出幸福感和独属于自己的气质。那么糖系风刚好可以满足你对家的100种想象。

那么，如何设计出适合自己的糖系风的家呢？怎样搭配色彩？怎样选择材料与家具、配饰呢？本书为喜欢糖系风的读者提供了有针对性的业主自画像和多样的设计参考。想要打造出适合自己的糖系风的家，首先要对自身的特点、兴趣爱好和生活方式、设计需求等有清晰的认知，据此选择适合自己风格的糖系风主题。更重要的是，要了解各种设计元素合理的搭配方式。

本书以糖系风业主自画像作为解读切入点，并从糖系风的材料选择、色彩搭配、家具选择、布艺配饰元素搭配、灯光照明运用及绿植花艺选择六大设计要素入手，将糖系风从抽象的概念拆解成一个个具体的设计元素，让读者更具象地理解糖系风的搭配方法，让你轻松掌握糖系风之家的设计要点。此外，书中还收集了10个不同样貌的糖系风的家的设计作品，并邀请设计师针对空间细节和设计亮点进行详细分析，相信你能从中找到适合自己的糖系风装饰，开启对美好糖系风之家的探索。

愿你在城市一隅，在日出时熹微的晨光里，在夜晚的点点星辰下，拥有真正治愈你的温暖之家。

郭舒

目录

第 1 章

业主画像：
找准适合自己家的主题

在现代都市快节奏的生活下，人们更渴望舒适自在的家居氛围，让人回到家可以卸掉生活的盔甲，静静地直面内心，享受温暖治愈的居家时光。特别是工作繁忙又热衷于追求精致浪漫格调的年轻一代，更愿意把家布置得暖心又富有艺术感。糖系风柔美的色调和舒适宜人的材质，加之有艺术感的家具配饰，完美演绎出治愈系的格调之家，深受繁华都市年轻群体喜爱。

业主画像速写

- 性别：男女皆宜。

- 年龄段：20~40 岁，也不排除有好奇心的中老年。

- 职业：设计师、广告策划师、插画师、音乐人、电影编导等创意类群体，以及从事 IT、医疗等高压工作的人群。

- 性格：内心极度敏感，乐观、温和，追求自由、浪漫。

- 婚姻：年轻夫妇的首选。

- 喜欢色彩：色彩丰富的家，以马卡龙、莫兰迪色系的柔美格调为主。

- 风格服饰：喜欢带有精致细节、面料柔和舒适、色彩饱和度低的服装，对复古格调的古典服饰也是大爱。

- 兴趣爱好：喜欢摄影、旅行、音乐、绘画等偏文艺类活动，喜好异域文化。

图片来源：YOMA 自画

图片来源：Need Supply Co.

图片来源：Akula Kreative

图片来源：Domino

● 内心速写：喜爱糖系风的群体往往具有强烈的好奇心，勇于尝试新鲜事物，执着又内心极度敏感，热爱生活和一切美好的事物。他们为人温和，擅长沟通，追求浪漫、有品质感的生活。喜欢温暖有格调的家，对空间里材质的触感、色彩和光线的变化非常在意，注重细节，一切都要契合自我的直觉。

生活方式

　　家是治愈心灵的良方，在闲暇之余，喜欢糖系风的人群通常会静下心来，在独属于自己的小角落养花、插花、喝咖啡或者绘画，倾听自己内心的声音。或者是在重要的日子里，点上一支香熏蜡烛或插上一束鲜花，制造浪漫惊喜的气氛，和家人共享美好的家庭时光。

　　工作之余，他们也喜欢跨国旅行，更乐于去有异域文化或民族风情的地方进行深入的探索。他们也热衷于摄影，搜集当地的特色手工艺品、陶器或古典服饰等，并希望将这些精心筛选的珍藏不张扬地融入自己的家居生活中，从细节中显示他们对生活的珍视和认真态度。当然，艺术也是一种对生命的滋养，他们经常会约朋友参观各种艺术展，或讨论电影、音乐等。

图片来源：habitatbyresene.co.nz

居住理念

　　这类人群热衷于不设界限的居住风格，希望自己的家温暖治愈，并拥有含蓄的自我表达。希望把家打造成一个拥有丰富和温和的色彩、舒适自然的材质，并能滋养心灵的理想国。

　　同时，他们也注重追求与众不同的空间格调，希望空间里的每一件单品都具有独特的气质。因此，糖系风空间具有"混搭"的气质，这种气质给空间带来额外的惊喜。运用新旧家具的搭配、不同国度和地区的艺术品的组合，甚至是不同历史时期家具的混搭，演绎出丰富多样的糖系风表情。

图片来源：Anna Karlin 设计作品 Wish you Were Here

第 2 章

家的主题：
多元化糖系风的家

糖系风在与丰富多样的生活方式的相遇中，逐渐形成了更为多元的面貌。从 20 世纪的设计美学中寻找灵感，受当代生活方式演变和全新色彩潮流的影响，并和全新的材料融合，演变成被更多人接受和喜爱的设计潮流。

图片来源：设计师 Essence

什么是糖系风

（1）糖系风的鼻祖

糖系风流行于最近几年，但纵观 20 世纪的设计潮流，其实早已有糖系风的缩影。比如 20 世纪 50 年代意大利的电冰箱品牌斯麦格（Smeg），采用了当时流行的流线型造型，这种造型是 20 世纪 50 年代从美国打字机的设计发展起来的，后来成为流行风格。圆角的电冰箱造型流畅又时尚，采用了多元的色彩，从橙色到柠檬绿色、粉绿色再到粉红色，从银色到乳白色等轻盈或缤纷的色彩，恐怕是最早的糖系色了。带着一点点随和，大胆的色彩融合了当时俏皮的复古风情，这是一股不可阻挡的糖系风潮。

图片来源：斯麦格 FAB28 型号电冰箱

图片来源：2LG Studio

（2）风格定义

糖系风除了偏糖果色系的运用之外，也强调整体氛围的温暖治愈感，与其说是糖系风，不如说是治愈风更为贴近。糖系风绝不是单纯的甜腻、粉嫩或是跳跃、活泼的色彩属性，而是一种强调运用色彩消除疲劳，削弱色彩对情绪影响的家居风潮，它着重运用温柔的低饱和度色彩，营造柔和、舒缓又不失格调的治愈系氛围。

图片来源: PANTONE 色卡

（3）风格特点

①莫兰迪色系。

通过 PANTONE 色卡，我们可以感受一下糖系风的色彩：

说到"糖系"风，大部分人想到的都是粉嫩的少女粉或是略显甜腻的"马卡龙色"。糖系风的家往往会选择带有怀旧感的柔和颜色，更偏向于运用画家莫兰迪的色彩，低饱和度的色彩简单中透着平静，呼唤你，治愈你。糖系风将低饱和度的颜色融入家居中，营造温暖舒缓的治愈感，营造出清新宁静的空间氛围。

图片来源：设计师 Elena Ivanova

②千禧粉。

粉色近年来一直受时尚圈的热捧，2016 年潘通把"蔷薇粉（rose quartz）"定义为年度流行色，大家纷纷穿上粉色衣服来表达自己，房间里的粉色元素也不再是"小公主"的代表了。

因粉色而走红的"千禧粉"也为我们打开了家居配色的新世界。粉色特有的细腻柔和格调和对情绪的抚慰感，也正好契合了糖系风的治愈感，不同层次的粉色还可以大胆地与其他色彩和谐搭配，妥妥变身为糖系风的明星色担当。

图片来源：设计师 Yuliya Andrievskaya

③舒压气氛的营造。

糖系风既有北欧简洁清新的格调，又有日式自然亲和的温度感。因其治愈舒压的特性，在家具及软装配饰上着重运用原木、藤编、棉麻等自然质朴的材质。此外，糖系风还多用柔软蓬松质感的纺织品来增加空间温度感和柔软感，比如羊毛的抱枕、长毛地毯、丝绒或绒面的沙发、单椅等，柔软温暖的软装材质以其柔和的视觉感和亲肤宜人的质感舒缓人的情绪，给人以治愈体验。

图片来源：设计师 Yuliya Andrievskaya

④提倡自我主张。

由于糖系风的空间背景大多简洁纯净，可以最大限度地接纳主人的生活痕迹。就像一块自由的画布，在墙面甚至顶面都可以涂上自己喜欢的淡雅颜色，也可以保留一点斑驳墙面，营造有怀旧感的糖系空间，或者全部留白。除了墙面，任性的彩色家具也是糖系风自我主张的体现，色彩丰富的家具搭配天然的纺织品、陶器、绿植，甚至点缀一两件有繁复花纹的小型复古家具，都可以打造出别具一格的糖系风的家。

图片来源：Patricia Bustos Studio

⑤材质温和。

糖系风在材质选择上极为注重质感，质朴的木材、藤编和自然亲肤的棉麻材质是糖系家居的首选。家具的材质以温润的藤编或木头为主，它们接近焦糖的颜色，也更为贴近糖系风"治愈"的特性。同时也会搭配羊毛、丝绒、黄铜等材质，营造出精致浪漫的温暖氛围。

图片来源：Behance

⑥复古感。

如同 20 世纪 50 年代广告中的色彩搭配，糖系风多少带点复古倾向，二手的古董家具、配饰，或是祖父母传承下来的家具、复古造型的圆角电器，都可以在空间中自由搭配。糖系风的空间与胡桃木、柚木家具或者油画画框、黄铜灯饰等元素也有种天然的默契感，颜色依旧多彩多样，只是告别了小女生的情怀，多了一分成年人优雅自持的魅力。

图片来源：Kelvinator 的广告

图片来源：设计师 Rodolphe Parente

图片来源：设计师 Essence

多元化糖系风的家

家是生活的拼贴版，不同个性的屋主适合不同格调的糖系风空间，而融入了屋主丰富生活气息的糖系空间也散发出独特的气质。糖系风其实非常具有包容性，就像不同口味的糖果，如果配合不同的色彩配比、多元的家具饰品和空间造型，也会衍生出不同的空间样貌。

（1）清新微甜的糖系风

这类糖系风更适合小资的年轻上班族，清新明亮的色彩有种果味糖果的味道。空间色彩多以马卡龙色系为主，常会融入一些金属元素，也可以结合原木和棉麻等自然材质，并搭配风格简约、体量轻盈的家具，营造轻松明快的糖系风氛围。

如下左图，马卡龙粉的墙面搭配造型轻盈的餐椅、拱形的门洞和门洞后面浅蓝色的橱柜，色系统一，造型上的差异又带来丰富多变的视觉层次感。整体家具和饰品的色彩与造型都非常轻盈，打造出轻松愉悦的治愈感。

如下右图，淡绿色和粉色的搭配让卫生间显得清新明亮，再配上金色的龙头与花洒，让空间显得少女心十足。

图片来源：西班牙最小幻想公寓，Patricia Bustos Studio 设计

图片来源：意大利 MPPM 公寓，Studio Tenca & Associati 设计

（2）雅致高级的糖系风之家

这种风格的糖系风空间显得更优雅成熟，更适合追求精致和高品位生活的成熟女性或家庭。整体空间以莫兰迪色系为主，并运用不同色块的搭配，强调一种静谧柔和的空间氛围。通常墙面留白较少，大部分墙面都以色彩铺陈，比如，运用高级灰和同类色搭配，会让空间饱满、柔和又不过于甜腻。在这类糖系风空间中，比较少出现浓烈的色彩，而是让空间里的色彩呈现和谐融合的状态。家具搭配也比较简约，常运用一些有雕塑感或弧形的家具和摆件来丰富空间，并以无主灯照明搭配点缀性的灯具，营造雅致和谐的空间。

如下左图，空间以灰色中性色调为主，融入莫兰迪粉的家具、装饰品等，运用色彩的纯度传递出空间细腻温柔的质感，并巧妙运用线条与色块营造柔和温馨的空间感受。

如下右图，墙面柜体结构点缀莫兰迪色系的粉绿，配合粉灰、粉紫和浅粉色，融合出浑然一体的高级感，配合边角圆润的家具摆件与干净的白色墙面、酒红色的单椅，传达出雅致温柔的高级感。

图片来源：D-ONE 新未来主义样板间，元禾大千

图片来源：不是常规的家，
YSG 工作室

（3）浓郁复古的糖系风

复古感的糖系风空间更适合追求个性、对生活充满热情的年轻人。这类主题的糖系风，色彩相对更浓郁，色彩碰撞也更为强烈，比如常会点缀酒红色或复古蓝、墨绿色等具有复古感的色彩形成碰撞。在空间造型上，也会运用精简的石膏线在顶面或墙面勾勒线脚，增添复古感的装饰效果。在墙面或地面也可以搭配细腻的纹理图案，常常通过花砖或壁纸、地毯的纹样呈现，让空间显得更精致浪漫。家具和灯具的搭配也非常具有包容性，常会融入有黄铜构件的家具，也会适当点缀一两件中古时代风格的家具，比如美式、法式的实木复古家具，或是造型独特、带有图案的家具。

比如，下图采用了对比色，空间中留白很少。淡紫色的墙面搭配复古绿色的橱柜，黑色铁件搭配造型怀旧的黑色电冰箱，让空间带有一点复古的摩登感。

图片来源：希腊单层联排别墅埃斯佩里诺斯之家，Michael Stamos

（4）自然文艺感的糖系风

　　自然文艺的糖系风之家，整体空间的色彩饱和度较低，空间色调以白色和原木色为主，再融合淡淡的色彩营造出阳光明媚的氛围，随意搭配几株葱茏的绿植和落地画框，满满的自然气息和温暖感扑面而来。这种风格糖系风空间更适合带点文艺气息、温和乐观的年轻群体。

　　这种格调的糖系风，空间框架非常简洁，墙面很少有刻意造型和铺满色彩，在满足功能性的前提下，将空间更多的留给主人随心打理。空间里家具的摆放常常依照主人的心情而定，更加随性和生活化。更注重运用生活中或旅途中淘来的旧物件或工艺品营造出独特的个人记忆，也会在角落或窗前点缀一些绿植。生活中的每个片段都是自己的微电影，家里的每处角落、每件物品都可依着自己的心情构图。

图片来源：设计师 Kerrie-Ann Jones

图片来源：Roomdesignburo

第 ③ 章

设计方案：
6步打造糖系风的家

　　糖系风，与其说是设计潮流，不如将其理解为生活潮流更贴切。糖系风的家就是：当你推开门的那一刻，所有的烦恼、压力、执着都丢到了门外，全世界只剩下家给你的一个大大的拥抱，热情、温暖又熟悉平常，可以填满你整颗疲惫的心。

图片来源：金泰中央公园上叠样板
间231 m²，一然设计

第 1 步　材料选择与运用

　　材料是糖系风空间的底色和基础，不同材料拥有不同的质感，也会传达出不同的空间温度。本节提取了糖系风的代表性材料，通过多种材料的合理搭配传达出糖系风独有的温度和治愈感，也能将空间中的软装配饰衬托得更加出彩。

图片来源：设计师 Essence

1. 墙面材料的选择与运用

　　由于糖系风温暖自然的空间特性，墙面通常会选择质感舒适的材料，比如乳胶漆、壁纸、艺术涂料等，不会像轻奢或古典风格那样用大面积反光的大理石、护墙板来彰显精致和华丽。

（1）有质感的艺术涂料

　　陶土色和米色系是糖系风最常用的色彩。与其他质感的材料不同，艺术涂料给人的视觉感非常突出。这些带有天然质感的材质可以使平淡无奇的墙面在空间中产生层次感。艺术涂料作为糖系风空间的底衬，让空间里的家具饰品更为突显。

　　比如硅藻泥的肌理感和颗粒感，稻草漆的暖白色和自然感，它们令墙壁触摸起来都有点

左图为慕凯风艺术涂料，稻草漆质感；右图为萨沃宫墙壁艺术涂料，硅藻泥质感

马来漆的质感（图片来源：品岸装饰设计）

粗糙，手感也很温暖；马来漆令墙壁拥有光滑的触感和柔和的反光感；而清水混凝土漆自带透气感。这些质感温暖自然的材质与柔和治愈的糖系风空间是绝佳的搭配。

小提示

　　由于目前艺术涂料价格都比较高，如果预算、施工技术达不到，或者室内环境油烟较多的话，建议选用其他壁材。

图片来源：Rodolphe Parente

(2) 多样的壁纸和壁布

　　壁纸的色彩和图案肌理丰富多样，非常适合糖系风空间，经济成本也比艺术涂料低很多。琳琅满目的壁纸小样经常让我们挑花了眼，通过科学的搭配方法，可以让我们搭配出想要的充满幸福感的糖系风空间。

　　①选择图案时，纹理较弱的暗纹壁纸是可以大面积使用的，这样的壁纸比较有高级感，配色柔和的糖系风空间，可以提升空间品质，降低墙面的单调性，也不容易和软装配饰冲突。

　　②纹理或图案比较明显的壁纸更容易抓人眼球，这种壁纸的花纹通常美轮美奂，装饰性极强。在糖系风空间中，自然以及植物图案的壁纸和几何图案的壁纸使用频率比较高。装饰性图案的壁纸常常会与纯色墙面搭配，由于壁纸图案丰富，在每个空间中的使用面积通常不会超过一面墙。

图片来源：LV House，Studio RO+CA 设计

(3) 彩色乳胶漆

乳胶漆是便宜又环保的材质，搭配好了色彩非常容易出效果。糖系风空间对于乳胶漆的色彩选择非常挑剔，低饱和度是提升糖系风空间色彩的第一要素。低饱和度的乳胶漆视觉效果非常柔和，把整面墙涂满也很美，作为背景色更能凸显出空间中的家具和配饰，有助于营造一种柔和又舒缓的空间格调。

图片来源：设计师 Essence

图片来源：纽约上东区公寓样板房，Drake Anderso 设计作品

小提示

搭配 1：一面低饱和度彩色乳胶漆墙面，搭配灰色、白色、米白色或木色，这是万能搭配法，适用于各种糖系风空间，可以营造出平静舒缓的空间效果。

小提示

　　搭配 2：两种色彩倾向不同的低饱和度色彩碰撞，但面积不要相同，尽量拉开差距，搭配出来的糖系风空间会更活泼温暖。

小提示

　　搭配 3：选择色彩倾向相似的深浅色搭配，比如奶茶色与陶土色、香芋紫和茱萸粉等，这类的搭配显得糖系风空间柔和又高级。

图片来源：金泰中央公园上叠 231 m² 样板间，一然设计

图片来源：纽约上东区公寓样板房，Drake Anderso 设计作品

2. 地面材料的选择与运用

（1）温暖的木地板

有什么比全屋通铺木地板更温暖治愈的呢？木地板脚感舒适，防滑效果更好。家里如果有老人孩子，建议通铺木地板，可以避免滑倒。不同木色和纹理的木地板，通过运用不同的搭配方式，可以调配出不同的糖系风空间。

糖系风空间运用木地板时更注重展现木材原有的纹理感，通常会使用开放漆多一些。同时在色彩选择上，浅色木地板是糖系风空间的最佳选择，原木色、偏白色、偏浅灰色或者暖黄色的地板都比较容易和软装家具搭配。

浅色木地板运用（图片来源：巢空间室内设计）

①橡木、柚木、胡桃木等地板的颜色多为暖黄色系，经过开放漆的处理表面呈现出木材自然的颜色。暖黄色的木地板在空间中占据非常大的面积，本身的温暖色泽和低饱和度不论与冷色还是暖色的墙面搭配起来，都能营造出温暖甜蜜的糖系风氛围。

暖黄色木地板运用（图片来源：Tamsin Johnson）

　　②枫木、白蜡木、灰橡木之类材质的木地板，更偏灰白色一些，多突显原木的纹理，有的地板甚至带有木头的疤结，运用到空间里更有种回归自然的轻松感。灰白色的木地板更适合小户型，可以让空间显得开阔且明亮。这类色调的木地板也可以搭配明度高、纯度低的墙面色彩，比如搭配马卡龙色系的墙面，可以营造出清新明媚的糖系风氛围。

灰白色木地板的运用（图片来源：双宝设计）

（2）别具一格的水磨石

　　水磨石是糖系风非常搭调的材料，质感与众不同，自带一种复古与工业风的美感。它最早是由水泥与各种碎石结合而成，不过随着技术发展，骨料可以自由选择。不只是石头，甚至玛瑙、玻璃碎片等都可以融入水泥之中。不过水磨石在室内空间中，施工难度和价格都比较高，现在许多厂家都是 100 m² 起做。可以选择提前浇筑切割了的水磨石砖或者是仿水磨石纹路的瓷砖作为替代品，一样能搭配出好的效果。糖系风空间中的水磨石常为白色和灰色，骨料为彩色的，可以活跃空间氛围。水磨石不仅可以用在地面，而且可以用在局部墙面和台面上，星星点点像牛轧糖的质感，治愈又温柔。

 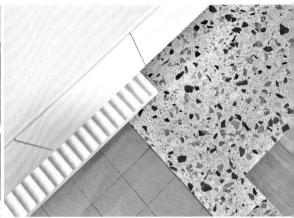

图片来源：竹南叶宅，均汉设计

大师的水磨石：

《布达佩斯大饭店》这部电影，在视觉效果上几乎全运用的是糖系风配色，非常治愈。而它的导演韦斯·安德森在 2015 年与意大利米兰的 PRADA 基金会合作，亲自设计了基金会咖啡厅 Bar Luce。咖啡厅整体为甜美的色彩，空间内薄荷绿、灰紫色家具搭配咖色和暖咖色水磨石地面，让人眼前一亮，可谓是水磨石与糖系风的经典搭配。在大师的案例中，我们可以看到水磨石与色彩碰撞所绽放的魅力，内心是不是蠢蠢欲动了呢？

图片来源：《布达佩斯大饭店》剧照　　图片来源：Bar Luce 咖啡厅，韦斯·安德森

3. 点缀空间的材料

（1）轻盈透光的玻璃

　　由于反射和折射的作用，玻璃会透出周边环境的颜色。这使它能很自然地融入环境中，柔和又不显得突兀。同时，玻璃作为隔断材料不会阻隔光线，对于营造阳光明媚的糖系风之家是非常不错的点缀材质。

　　现在重新流行起来的玻璃砖，有朦胧而有透明质感的长虹玻璃、略复古的压花艺术玻璃，这些玻璃材质让室内散射出来的光线显得更加柔和。玻璃砖这种由玻璃压制成块的透明材料，有一定的厚度，作为墙体材料，显得晶莹、有质感。玻璃材质极少作为饰面材料使用，而是用作隔断或者部分墙体，起到划分空间、透光的作用，非常适合打造柔和明亮的糖系风之家。

长虹玻璃（图片来源：赛拉维设计）

压花玻璃（图片来源：Notoo Studio)

玻璃砖（图片来源：一然设计）

图片来源：Notoo Studio

（2）闪光的金属材料

仅仅运用一点光亮闪烁的金属就可以提升空间的精致感，如同带了首饰的女子，气质瞬间得到提升。糖系风空间常用的金属装饰材料有黄铜、波纹板、铝合金、拉丝不锈钢等。

在糖系风空间中，大部分金属材料会以收口条的形式出现在材质与材质的衔接处，有时也会在吊顶或局部墙面以块面或者线的形式出现，使空间造型产生分割感。或者是作为家具、灯具等配饰元素的构件出现，打破糖系风的甜腻柔和感，给空间注入精致复古的质感。

（3）花砖与马赛克

各种网红小花砖和马赛克是提升糖系风家美感的"神器"，瓷砖与花砖可以搭配出丰富的视觉效果。在运用花砖时需注意的就是"克制"，要控制这些砖的使用面积和种类，再喜欢也不能到处用，一般来说空间中出现一到两种就足够了。糖系风空间常常选择带有几何图案的花砖或颜色丰富的纯色小砖，达到丰富墙面的效果。

图片来源：Notoo Studio

小提示

　　在厨房中运用花砖时，同样占据大面积的整体橱柜需选择简约纯色的款式，以免和花砖的纹理相冲突，使厨房整体看起来层次杂乱。

　　花砖或者马赛克在卫生间运用时，可以运用于地面、装有坐便器的墙面，或者有洗漱台的墙面，选择一到两处就可以了，花砖的运用会让空间更有节奏感。

图片来源：Chelsea Hing

（4）复古的做旧材料

　　如果你想要打造与众不同、带有复古感的糖系风之家，不妨试着运用一些旧砖、老木头、玻璃或旧家具，让新空间与旧的材料形成对比，增添空间的时代感。糖系风甜暖的色彩与旧材料的质感结合，为空间增添了浓厚的复古韵味和时光流逝的记忆感。

　　要寻得好的旧材料也不容易，一是可以保留曾经的旧家具或者旧地板、砖，经过现代工艺处理后重新使用，还可以去二手家具市场淘一些有意思的材料或物件。这些都属于真正的旧材料。二是市面上卖的仿古材料，它们并不是真的旧，而是通过做旧，获得了特殊的色彩和质感。

图片来源：Chelsea Hing

运用这些旧材料的时候，面积不能太大，一般不超过整体空间的 20%。
如果想要营造特殊的怀旧氛围，最多不要超过 40%，否则就变成中古风了。

第 2 步 色彩选择与搭配

糖系风最具有辨识度的特点莫过于它的色彩。无彩色，非糖系风，色彩是糖系风的代名词。缤纷的色彩可以调动人的情绪，拥有治愈人心的力量。想要让你的家甜度满分，不仅需要知晓什么样的色彩能传达出糖系风的感受，还要掌握色彩的合理搭配技巧。

图片来源: Patricia bustos house, Patricia Bustos Studio 设计

1. 糖系风色彩

提到糖系风色彩，首先浮现在脑海中的就是各种粉色，比如珊瑚粉、千禧粉、茱萸粉、脏粉色等。的确，粉色是糖系风中出镜最多的色彩之一，但糖系风的色彩是包罗万象的，并不局限于粉色。感性地说，凡是能够带给人舒适、平静、温暖感受，或者是愉悦、活泼感受的色彩都可以称为糖系风色彩；理性地说，就是纯度较低的色彩，比如当下流行的奶茶色系、莫兰迪色系和马卡龙色系都属于糖系风色彩。

乔治·莫兰迪作品，Augusto、Francesca Giovanardi 收藏

图片来源：亚特兰大·乔德马卡龙糕点店

图片来源：纽约样板房，Drake Anderson 设计

2. 色彩的视觉表现

　　色彩有三个重要元素：色相、明度、纯度。它们的变化影响了色彩的视觉表现。纯度是指色彩的鲜艳程度，明度是指色彩的明暗程度。纯度和明度高时，空间色彩有明快感；纯度和明度低时，空间色彩有轻柔感。在进行色彩搭配时，只要颜色的纯度和明度一致，那么视觉上就会显得非常和谐，甚至可以进行"无脑"搭配。

图片来源：Patricia bustos house，Patricia Bustos Studio 设计

3. 色彩搭配方式

（1）低饱和度单色搭配黑、白、灰，解决你的选择困难症

　　把复杂的问题简单化，是最省心又容易出彩的色彩搭配方式。选择一种你最喜欢的糖系风色彩，比如暖橙或薄荷绿，用在 30% 的家具或墙面上，其余色彩在黑、白、灰或者木色中随意挑选，怎么搭都不会错。再通过饰品和挂画的色彩进行调节，一个简而美的糖系风小家就这样轻而易举地搭配出来了。

图片来源：沃纳设计

图片来源：网红设计师 sweetrice 的家

（2）邻近色搭配法

邻近色搭配是选择色系接近的色彩，简单地讲就是色相接近，纯度或明度不同。比如左图中所呈现的几种绿色，冷暖、深浅不同，但都属于绿色系，客厅中墙面为绿色，家具为深绿，地毯和挂画中出现浅黄绿，植物为绿色。多种绿色相互组合，明度、饱和度有所不同，让空间变得丰富饱满，同时又很柔和。

4. 色彩搭配比例

要想打造甜而不腻的糖系风空间，就要把握好空间中的主色、配色和点缀色的合理比例。我们视野中的空间，出现面积最大的色彩是主色，主要包含天花板、地面、墙面以及大件家具中占有比例最大的色彩；其次是配色，例如小家具、布艺和局部墙面的颜色；面积最小的称为点缀色，比如一些饰品的色彩。糖系风空间中背景色大多采用灰度极高的粉色、绿色、黄色、蓝色，这些颜色给人以强烈的温柔包裹感。配色常用白色、灰色、木色增加透气感，点缀色可以使用主色的对比色，或者能和场景产生联系的色彩。只要搭配好了主色和配色，点缀色则锦上添花。所以在设计之初，对于主色和配色的比例要做到胸有成竹。

图片来源：Metanoia，Patricia Bustos Studio 设计

（1）色彩的面积不要均衡

　　在糖系风空间的硬装色彩处理上，主色和配色一共最好不
要超过 3 种。这里有一种常用的搭配方法：选择一种颜色的墙
面，加上一两种大面积色彩，再加上一两种点缀色（点缀色要
跟大色块墙面颜色有关联）。注：空间中各彩色的灰度要相近，
三者的空间占比宜约为 6：3：1。

图片来源：天津市武清区世贸·云湖样板间，赛拉维设计

（2）空间配色次序很重要

空间配色方案要遵循一定的顺序，可以按照硬装、家具、灯具、窗艺、地毯、床品和靠垫、花艺、饰品的顺序来添加色彩，这也是前面提到的从大到小的顺序，一层一层地配好颜色。

图片来源：深朴悦设计、元禾大千

5. 怕太素？想要丰富起来？在色彩中加点"花样"吧

素雅平静的莫兰迪色系虽然适合在糖系风空间大面积使用，但如果全屋所有的颜色都是灰灰的莫兰迪色系，又担心显得太素。不要担心，只要在点缀色上花点心思，整个空间氛围就会大不相同了。

图片来源：Agnes Rudzite Interiors

（1）加点高饱和色

根据配色原理，将不同色调的颜色搭配起来会让空间更有层次感，所以打破低饱和色彩沉闷的最简单的方法是在空间里加一些饱和度不同的颜色，比如比较亮眼的高饱和度色，一明一暗，形成视觉上的平衡。比如左图：椅子高饱和度的蓝色，搭配空间中的暖灰橙色，作为重色的点睛，让整个空间的色彩不再模糊。

（2）纹路上加点变化

除了运用颜色打破空间沉闷，还可以通过各种花纹来制造惊喜，在莫兰迪色系的基础上，选择有特殊纹路的材质，也能增加空间层次感。比如右图，珊瑚粉绒面靠枕上的图案纹理和装饰画的缤纷花朵图案，瞬间让整体蒙了一层灰度的空间活泼了起来。

图片来源：设计师 Essence

（3）改变光泽度

改变材质的光泽度也是一个告别单调糖系风空间的好方法。比如左图中粉色的墙面、浅木色地板整体都是亚光的，呈现出柔和的灰度，但白色床头柜和落地镜反射了光线，增加了空间的色彩层次，家具和镜子的黄铜构件精致的反光质感提升了空间的高级感。

图片来源：慎恩设计

6. 大师的经典糖系风配色

　　历代艺术大师其实拥有非常多的糖系色彩画作，这里介绍三位"糖系"画家，他们的画面配色可以作为糖系风家居配色的参考。需要注意的是，不要因为喜欢就满墙大面积用，空间里局部色彩或者家具可以参考画中的颜色来进行搭配。

（1）甜甜的克劳德·莫奈

　　莫奈善于在画作中运用丰富的色彩来表现光的存在，他的画面中主色调非常明显，与之相近的色彩过渡自然，常常将对比色柔和地融入空间中。

图片来源：克劳德·莫奈《日出·印象》

图片来源：2LG Studio

图片来源：设计师 Essence

（2）灰度大师乔治·莫兰迪

糖系风最经典的配色参照了意大利著名画家乔治·莫兰迪的作品，他作品中的瓶瓶罐罐仿佛通过色彩被赋予了新的气质。他的画色彩饱和度非常低，但灰色的色彩倾向却让画面显得非常丰富、雅致。

图片来源：乔治·莫兰迪《静物》   图片来源：Arent & Pyke

（3）色彩缤纷的大卫·霍克尼

大卫·霍克尼的画作大部分色彩运用都非常明快，常常有红色、黄色、蓝色、绿色同时出现在画面中的情况，多种色彩相互碰撞却因色彩面积不同、纯度相近而使画面具有安定感。

图片来源：大卫·霍克尼《水花》   图片来源：大卫·霍克尼自宅

第3步　家具选择与搭配

　　家具就像空间的主人，静静伫立着与空间对话，并相互衬托。在选择糖系风空间的家具时，要注重其造型、色彩与糖系风空间的气质浑然一体，而精致、有质感的材质是提升空间品质和细节的关键。

图片来源：金泰中央公园上叠 231 m² 样板间，一然设计

图片来源：INNOI Design

1. 家具的色彩和造型选择

（1）家具的造型选择

　　造型圆润，有柔和边角和线条的家具在糖系风空间中最为常见，它们圆润的造型仿佛倾诉着空间的舒适与温暖。比如，下图中，家具的边角几乎都是弧线的，餐桌椅、吧台椅的圆角与墙面壁龛的弧线相结合，非常具有统一性。右图中，弧线型沙发和羊毛单椅与圆形茶几和边桌搭配，再加上圆形的米色地毯，界定出一处和谐治愈的圆形小空间。

图片来源：绿地海珀外滩，维几设计

图片来源：竹南叶宅，均汉设计

（2）家具的色彩选择

米白色、浅灰色、木色和各种粉色系家具都与糖系风空间非常搭配，糖系空间中家具与色彩往往形成衔接、过渡或者对比。总之，糖系风空间内的家具以浅色为主，偶尔也会点缀一两处高饱和度色彩，比如酒红色、蓝色等来点亮空间。

①过渡色的家具。

在和谐、治愈氛围的糖系风空间里，常常会运用家具的色彩与空间色彩形成衔接，起到过渡或留白的作用。比如，下图中卧室的主色调是大面积的珊瑚粉色，床尾沙发的木色与木地板的黄色和墙面的粉色之间产生过渡，粉色墙面上的白色复古花纹床头板则起到了空间留白的作用，也让空间里的色彩更清透、明亮。

图片来源：双宝设计

②对比色的家具。

在格调活泼的糖系风空间中，家具的色彩常常选择与空间色彩互补的颜色，家具色彩与空间主色两者之间互为对比色，以此来强调轻松活泼的空间氛围。比如右图中，绿色是空间的主色调，而设计师运用低饱和度的粉色餐椅组合与果绿色窗帘、橄榄绿的护墙板、薄荷绿的墙面形成对比，又与上方的粉色吊灯形成色彩的呼应。设计师运用粉色的家具点亮了空间的甜美氛围。

图片来源：双宝设计

小提示

　　呼应搭配法：如果空间中家具很多，那么家具的造型和色调必须有一样是统一的，否则容易让空间显得杂乱无章。糖系风空间中对于造型不同的家具，通常会让它们的色彩产生一点呼应关系，比如空间里的家具颜色都选用粉色或白色系。如果是色彩不同的家具，那么都选择圆润的造型，这样更易于和糖系风柔和治愈的氛围相融合。

图片来源：金泰中央公园上叠 231 m² 样板间，一然设计

小提示

　　家具的色彩调节：如果是面积较小的糖系风之家，可以选择与空间整体色调颜色相似的家具，在颜色深浅上形成差异即可，让家具与墙面融合为一体，共同作为空间的背景，这样会增加房间的立体感。如果是较大的空间，家具色彩则可以和墙壁的色彩形成互补。

　　糖系风空间常用低饱和度的彩色墙面作为背景，家具作为前景，既能增加透气感，也能减少空间的空旷感。

图片来源：慎恩设计

2. 家具的材质选择

（1）柔软治愈的布艺沙发

　　布艺家具天然的材质易于传达出温暖的亲肤感，几乎 80% 的糖系风空间都有一组布艺沙发，舒适又治愈，并且造价亲民。布艺的种类非常丰富，但最受糖系风青睐的当属丝绒、羊毛、棉麻。这几种材质结合了金属或木材制成的家具，在视觉和触感上都非常舒适，搭配在空间里温暖又治愈。比如下左图中，布艺沙发是客厅的主角，粉色的丝绒沙发搭配象牙白色的羊毛沙发，呈现温暖恬静的氛围。下右图中，红色丝绒沙发与大色块的红色短绒地毯作为空间的主导，长羊毛的单椅作为点睛之笔，让空间兼具温柔与时尚感。

图片来源：漫屿，双羽空间设计

图片来源：天津天安象屿筑湖花园二期样板间 8980 户型

（2）木质或藤编座椅

如果想要营造偏自然感的糖系风空间，可以多搭配一些藤编或木质家具，当空间里的低饱和度色彩与原木的自然纹理交融时，愉悦和舒适感便自然而然蔓延开来。木质家具更适合色彩淡雅的糖系风空间，再加入些许绿植的点缀会效果倍增。比如治愈系的马卡龙蓝色墙面搭配浅木色的桌椅和藤编矮凳，再配上窗边茂盛的旅人蕉，清新自然感瞬间扑面而来。当藤编家具与色彩浓郁的空间结合时，则会呈现出优雅宁静的复古感。

图片来源：REDDIE 家具

图片来源：巢空间设计

（3）带有金属元素的家具

在糖系风空间中，如果已经搭配了金属吊灯、金属收口条，那么不妨再搭配几件带有金属元素的家具。带有金属元素的家具在糖系风空间中一般会在多处出现，并相互呼应。金属光泽在糖系风空间中像糖纸上的闪光，给甜甜的糖系风空间锦上添花。比如下图中，金属和白色石材结合的边几与休闲椅的金属椅子腿给柔美的彩色空间增添了几分精致感。

图片来源：一然设计

样品推荐

图片来源：姜黄色布艺沙发，吱音

图片来源：单人布艺沙发，造作

图片来源：云团沙发，造作

图片来源：彩色大理石边几，Homecabana

图片来源：气泡沙发，罗奇堡

图片来源：天鹅绒长凳，AYTM

图片来源：扶手椅，Pierre Paulin

第4步 布艺饰品选择与搭配

在糖系风家居中，布艺、挂画和摆件是空间里的点睛之笔，甚至可以起到调节色彩关系，平衡布局的作用，同时也能彰显屋主的品位和个性。

图片来源：一然设计

1. 布艺的选择和搭配

布艺的搭配和选择在糖系风空间中是非常重要的，窗帘、地毯和抱枕可以说是提升空间氛围的三大件，也能很好地弥补空间色彩或硬装上的缺陷。在布艺的色彩选择上，可以选择与空间主色调一致的颜色，或者有灰度的色彩，能起到顺延空间的效果，也可以选择空间主色调的对比色，起到吸睛的作用。

（1）窗帘的选择和搭配

①丝绒窗帘。

丝绒一直是家居界"高级"的代名词，面料手感丝滑、柔软、亲肤，又具有光泽和垂感。丝绒窗帘是糖系风空间的宠儿，与丝绒沙发或其他布艺家具搭配起来也非常和谐，适合营造精致浪漫的糖系风之家。

图片来源：Notoo Studio

②与空间形成对比色的窗帘。

运用与空间背景形成对比色的窗帘，可以丰富糖系风空间的色彩。比如右图中芥末黄的窗帘与静谧蓝的空间背景产生了对比和碰撞，亮眼的色彩打破了略显沉静的空间氛围。

③衬托空间的窗帘。

除了与空间背景形成对比色的窗帘，糖系风空间搭配窗帘时还有一种方法，就是让窗帘的色彩融合于空间，尽量和墙面的色彩相似，起到延伸空间或者留白的作用。

比如下图中，窗帘选择了与墙面主基调相似却有微差的色彩，仿佛是墙面的延续，和墙面融为一体作为空间的背景，更突出了场景中的家具。

图片来源：吾隅设计

图片来源：竹南叶宅，均汉设计

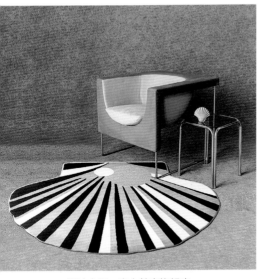

图片来源：青山美宿旗舰店

（2）地毯的选择和搭配

①活跃空间的神器：圆形（异形）地毯。

圆形（异形）的地毯不像常用的方形地毯那样中规中矩，它们的线条可以起到划分地面的作用，可打破方正的空间格局，让空间氛围变得轻松活跃，非常符合糖系风空间的格调。圆形或异形地毯除了铺在沙发下、床边这些常见的地方，还可以直接铺在墙边，利用它天然的分区功能，围合出一个可以自由放松的休闲小空间。

②地毯图案和空间性格。

带有抽象图案的地毯比较适合有时尚感的糖系风空间，能给空间增添几分艺术气息。抽象图案是没有具体定义的，不像具象图案那样明确，输出的信息也没有指向性和压迫感。如果选择具象图案的地毯，可以选择一些带有动植物图案的，能传达出自然的神秘感，也非常适合清新自然或是带点复古格调的糖系风空间。

图片来源：青山美宿旗舰店

（3）盖毯与抱枕的选择与搭配

在糖系风空间中，盖毯与抱枕的面积仅次于窗帘和地毯，属于点缀性的布艺。它们的加入除了满足使用功能，还起到呼应空间中色彩的作用。

①具有跳跃色彩和质感的羊毛、丝绒抱枕和盖毯。

在选择盖毯和抱枕时，可以让它们的质感和色彩从空间里跳跃出来，与空间中已有的色彩形成对比，或是选择纹理感强的材质来凸显空间的层次感。比如右图中糖系风空间的羊毛抱枕和下左图中的丝绒盖毯，绒绒的纹理质感增添了空间的温暖感和层次感。

②特别的纹理和图案。

有些抱枕具有特别的纹理和图案，也可以起到活跃空间氛围的效果。有规律的图案，例如下左图中几何方块图案的抱枕和盖毯，打破了一片纯色的寂静，加入了一点跳跃性和留白。而下右图中带有动植物图案的抱枕，则为糖系风的家增添了许多神秘幻想。

图片来源：羊毛抱枕，方黄（设计）集团

图片来源：桐乡华润置地 · 幸福里，李益中空间设计

图片来源：GUCCI Decor 蛇刺绣天鹅绒抱枕靠枕

2. 挂画的选择与运用

对于糖系风空间中的挂画，尽量选择抽象图案的，抽象画不同于我们日常所见的事物，更耐看，也显得更高级。除了抽象画，一些大师的静物挂画和摄影作品也能将平静和幸福感带入糖系风空间里。

图片来源：约瑟夫·贝尔（Joseph Bail）《叉子、桃子和花》

图片来源：莫斯科公寓，艾格尼丝·鲁兹特（Agnes Rudzite）

挂画的色彩不要太多，选择有明显主色调的挂画能更好地装饰空间，并且画的主色调要和空间中的色彩产生对话。同时，挂画的尺幅大小选择也是一门学问，要与空间的整体比例相匹配。

小提示

在比较空旷的空间里，不要装饰太小的挂画。当面对较长的墙面时，选择长幅画能达到顺延墙面的效果，会显得墙面更长。反之，如果不想让墙面显得太长，也可以用挂画来打断墙面顺延的视觉感。

图片来源：贵阳华润悦府，李益中空间设计

图片来源：Notoo Studio

3. 饰品选择的注意事项

在挑选糖系风空间的饰品时，要注意色彩、造型以及饰品摆放几个要点。选择饰品应该本着宁缺毋滥的原则，选择高品质的饰品，比如挂画、瓷器、香薰、烛台、艺术摆件等，它们既是空间里点睛的独特装饰，又能彰显个人品位和空间气质。

图片来源：一然设计

（1）颜色与空间相呼应

糖系风空间的色彩本身就比较丰富，所以饰品的颜色一定要与整个空间的色系产生联系。当空间中近似色彩较多或者有些沉闷时，可以选择墙面的对比色或者白色系的饰品或挂画，打破空间色调的一致性，给空间带来活力和透气感。

图片来源：墨尔本住宅，露丝·韦尔斯比

（2）造型的呼应

同样，饰品的造型也要与空间产生关联，比如糖系风空间多会运用拱形的造型元素，饰品也要选择圆润或有弧线的造型，使之与空间相呼应。同时，合理的饰品体量比例也很重要，比如直径 2 m 的餐桌和直径 1.6 m 的餐桌，它们所搭配的花瓶大小一定是有区别的，大家具配大摆件，空间才能显得饱满大气。

（3）摆放形式：三角架构摆放法

保持视觉上的平衡是家居饰品摆放的原则，通常会运用三角架构摆放法。三角形是最稳定的图形，这种摆放方式可以增加糖系风空间的稳定感。

图片来源：布里斯班公寓，设计师 Alicia Holgar

图片来源：三角摆放法则，金华观江院子别墅，F DESIGN

样品推荐

图片来源：分子烛台，Stoff nage

图片来源：现代简约白色沙釉陶瓷花器，迪斯凯

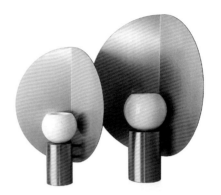

图片来源：meiko 烛台，Stoff nage

图片来源：柳条花纹印花中号香熏，GUCCI

图片来源：欧式古典复古 vintage 独角兽壁饰挂镜，收获小屋

第 5 步　灯具选择和照明

合理的灯光和灯具运用可以为空间氛围锦上添花，灯具的装饰性造型可以丰富糖系风空间的视觉美感，而合理的照明方式也有助于点亮空间色彩和重点表达，以及营造温暖治愈的空间氛围。

图片来源：Minimal Fantasy Holiday，Patricia Bustos 设计

1. 装饰灯具的选择

糖系风空间中的灯具通常具有雕塑感和装饰性，甚至可以成为空间里的视觉核心，还能起到烘托氛围的作用。在选择造型灯具时，要注意与空间整体风格的协调。

（1）闪亮精致的灯具

由于糖系风空间的墙面、地面颜色一般都比较柔和，所以通常偏爱拥有闪亮光泽的金属、玻璃等材质的灯具，且这类灯具恰好与柔和的空间主色调形成对比，更能彰显糖系风空间的精致浪漫氛围。

图片来源：Chelsea Hing

小提示

　　闪亮精致的灯具在糖系风空间中非常常见，适合与之搭配的空间色彩也很多。这类灯具尤其适合色彩丰富又富于变化的糖系风空间，和互补色的糖系风空间搭配，它会让空间显得更加灵动精致。

样品推荐

　　在金属灯具中，黄铜搭配玻璃是糖系风空间中最常见的组合，比如工业设计师汤姆·狄克逊（Tom Dixon）设计的 Melt 吊灯，以及英国设计师琳赛·安德尔曼（Lindsey Adelman）设计的分子吊灯和枝型灯，都是非常经典的黄铜灯具。黄铜的亚金色和光泽度的装饰感极强，不会对空间形成压迫感，与糖系风温暖的格调非常搭配。

图片来源：琳赛·安德尔曼设计的分子吊灯

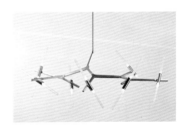

图片来源：琳赛·安德尔曼设计的枝型灯

图片来源：汤姆·狄克逊的 Melt 吊灯

除此以外，丹麦设计师保尔·汉宁森经典的 PH 系列灯具也很适合糖系风空间，像盘、碗、杯这类器皿叠级的灯具将光线逐层折射，让空间显得柔和又稳定。还有意大利著名厂商 Flos 与设计师米海尔·阿纳斯塔夏季斯（Michael Anastassiades）合作推出的 IC 系列灯具，简约黄铜支架配上乳白色的玻璃球，集简约、精致于一体，即使颜色大胆的家具也能完美地融入其中。

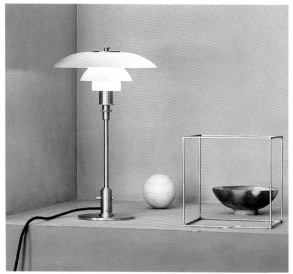

图片来源：PH 系列台灯

图片来源：IC 系列落地灯

（2）温润质朴的灯具

另一类是陶瓷、混凝土、木质等自然材质的灯具，简洁独特的雕塑感和体量感，让它们能更好地融合于空间中。它们与糖系风空间结合，能营造出非常治愈的效果。与金属灯具的轻盈感不同，这类灯具本身具有重量感，采用弧线、曲线等柔和的造型，同时减少了反光与高光的光泽度，灯具本身具有安定温暖的效果。适合色彩纯度低，颜色运用种类较少，空间色彩和色相接近的糖系风空间，通过合理的搭配能让空间显得更高级、雅致。

图片来源：家誉美灯饰

图片来源：土木石工匠坊

（3）柔和轻盈的灯具

很多糖系风业主会青睐于运用一些更小众的灯具来装饰空间。这类灯具采用纸、布艺、藤编或是羽毛等非常轻薄柔软的材质制作，虽然不晶莹闪亮，但也令人过目难忘，更能够治愈安抚心情，柔化一切坚硬的事物。

> **小提示**
>
> 柔和轻盈的灯具相比其他类型的灯具更有亲和力和自然感，不适合用于色彩太丰富的空间，而糖系风低饱和度冷暖色的空间，再点缀几株绿植，就非常适合与这些灯具为伴。想要家更具有透气感和亲和力的话，可以考虑搭配这类灯具。

图片来源：Crosby Studios

样品推荐

　　左下图中的鹅毛灯的灯光通过片片羽毛透出，仙气十足，非常柔和梦幻。试想一下躺在柔软的被子里，被暖色墙面包围，看着微风吹过时鹅毛灯轻轻摆动，谁能抵挡得了这种甜美卧室的诱惑？

　　由荷兰艺术家兼设计师 Bertjan Pot 研发设计了萤火虫灯（Heracleum），星星点点的灯粒，无论是否开灯都很美。

图片来源：鹅毛灯，Vita-eos　　　　　图片来源：萤火虫灯，moooi

　　藤编灯和纸质灯更小众一些，它们的材质非常自然环保，相对来说更难搭配，但是与低饱和度色彩的墙面搭配，也能打造出独一无二的空间亮点。

图片来源：藤编灯，　　　图片来源：纸吊灯，Tradition Formakami
Kroniki Studio

2. 照明方式及运用

除了灯具独特的造型样式，合理的灯光氛围也是营造糖系风治愈感非常重要的手段。灯光的色温和排布组合都会影响空间和墙面的色彩，以及家具配饰呈现的效果。

（1）无主灯照明

无主灯照明，就是摒弃了传统空间一盏灯全照亮的照明形式，改为区域重点照明，哪里需要照哪里。这种照明方式弱化了灯具本身的空间存在感，让人更多地关注被照亮的空间，以及空间中的家具。见光不见灯，非常适合营造糖系风浪漫治愈的氛围。

无主灯照明方式的主要照明灯具为筒灯和射灯，辅助性灯具有线性灯，如灯带、磁吸灯。为了不让灯具裸露在外，需要大面积的吊平顶来隐藏灯具，所以一般会压低10cm左右的层高。对于非常在意层高的朋友们可以选择主灯搭配氛围灯的照明方式。

图片来源：terracotta-interior

　　灯具色温选择：色温单位为 K。K 值（色温）越低，光色越偏红；K 值（色温）越高，光色越偏蓝。糖系风照明常用的色温主要是 3000 K 和 3500 K。3500 K 色温的灯光，干净明朗又不会让空间显得过于冷清。而色温为 3000 K 的灯光会让家显得非常温馨，待在这种灯光下，人的心情更放松，也更舒适，同时肤色会显得更好，在家也可以美美地自拍。

图片来源：Elena Ivanova

图片来源：Notoo Studio

图片来源：主灯搭配氛围灯，色漾年华，许智超

（2）主灯搭配氛围灯

这种照明方式不会牺牲层高，只是在局部做吊顶，并且保留了灯具造型对空间的装饰性。一般会在重要区域比如餐厅、客厅悬挂主灯，在其他需要照亮的地方，比如局部墙面、挂画处、窗帘饰品处，配合射灯或灯带来渲染氛围。主灯搭配氛围灯的照明方式会让空间更有趣味性，也是很适合糖系风空间的照明方式。

小提示

在进行家居设计之前，可以先考虑好每个空间的照明需求，这样就能清楚每个房间需要哪种色温的光照，可以更好地搭配灯具了。结合下图来看看你家需要哪些光吧。

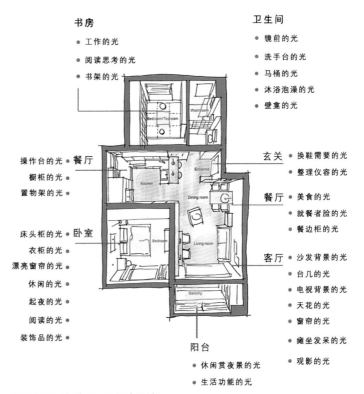

书房
- 工作的光
- 阅读思考的光
- 书架的光

卫生间
- 镜前的光
- 洗手台的光
- 马桶的光
- 沐浴泡澡的光
- 壁龛的光

操作台的光 • **餐厅**
橱柜的光 •
置物架的光 •

玄关 • 换鞋需要的光
• 整理仪容的光

餐厅 • 美食的光
• 就餐者脸的光
• 餐边柜的光

床头柜的光 • **卧室**
衣柜的光 •
漂亮窗帘的光 •
休闲的光 •
起夜的光 •
阅读的光 •
装饰品的光 •

客厅 • 沙发背景的光
• 台几的光
• 电视背景的光
• 天花的光
• 窗帘的光
• 瘫坐发呆的光
• 观影的光

阳台
• 休闲赏夜景的光
• 生活功能的光

图片来源：麦朦 MUTI 灯光设计

第 6 步　绿植花艺选择与搭配

　　绿植是美好生活的保鲜剂，合理摆放的绿植可以分分钟弥补家中的小缺陷，让你的糖系风小家治愈又有灵气。但很多人反映自己不太会搭配绿植。那么请参考这份糖系风植物的选搭指南，拒绝俗物，正确配盆，让绿植完美融入你的糖系风小家。

图片来源：Kerrie-Ann Jones

1. 好养的盆栽植物

（1）大叶片的长茎植物

　　这类植物属于中大型的盆栽，茂盛的植株造型非常适合在糖系风空间摆放，比如鹤望兰、龟背竹、春羽，绿油油的大叶片美丽又茂盛，也可以插瓶作为装饰。它们不喜欢阳光直射，喜欢温暖潮湿的环境，记得要保持土壤水分。这类植物适合搭配色彩温柔的墙面，特别是暖粉色、暖黄色、灰色的墙面或地面，可以将其摆放在沙发或餐厅一角作为点缀，可以给糖系风空间带来活力满满的自然气息。

图片来源（从左到右）：望鹤兰、龟背竹、春羽，Sundaygarden、广州宝林园艺

（2）努力向上生长的植物

这类植物的代表有龙舌兰科的虎尾兰、仙人掌科的量天尺等。它们的造型比较坚挺直立，姿态更硬朗一些，线条也很圆润，对环境的适应力超强，适合组合摆放在墙面比较空的地方，或是配合落地画搭配出艺术感和层次感。

仙人掌的造型圆润且收敛，刚好与糖系风家具和灯具的圆润造型产生呼应，视觉上也不显得杂乱，是糖系风空间里很好的搭配。

图片来源：量天尺，橘子郡，诗享家设计　　　　　图片来源：虎尾兰，Justine Hugh Jones

（3）柔软的小叶片植物

蕨类植物可以说是柔软治愈系的代表了。铁线蕨、波士顿蕨等属于中小型的盆栽，小小的嫩绿色叶片本身就很有糖系风特点，蓬松柔软的形态很美，一大捧栽在盆中，绿意满满，是名副其实的清新小可爱。

同时，蕨类植物的空气净化能力很强，适合摆在边柜、茶几或展示架上作为点缀，几乎适合所有的糖系风空间，可以放心搭配。

图片来源：波士顿蕨，露露花园

图片来源：铁线蕨，心森岚

2. 难养但好看的植物

如果养花技术很好，可以尝试以下植物，它们美丽独特的造型也非常适合糖系风空间。

①琴叶榕。

大提琴形的叶片深得很多时尚博主的喜爱，但是它对水分、阳光、肥料的要求很高，而且适宜温度稳定、无风的环境，否则很容易掉叶子。

②龙血树。

造型很特别，具有清洁空气的作用。但要注意的是，龙血树中的皂苷有毒，猫、狗吃后会中毒呕吐，食欲不振，因此要小心别让猫狗们吃它。

③散尾葵。

它们喜欢潮湿、通风良好的环境，如果照顾不好，其漂亮的外形将难以维持，需要常常浇水，对于养花新手不太友好。

图片来源（从左到右）：琴叶榕、龙血树、散尾葵，Sisalla、触季旗舰店、Yuliya Andrievskaya

小提示

　　多植物的搭配方式：按照高、中、矮的顺序，将中小型的绿植围绕着大型绿植错落摆放，可以营造出一个绿意葱茏的室内小花园，为糖系风空间增添意想不到的层次感和清新的自然气息。同时，也可以借助一些个性的小件家具，比如矮凳、花架来完成整个植物角的设计。

图片来源：气味博物馆，深圳万科北宸之光，ENJOY-DESIGN

3. 花艺与花器的选择搭配

（1）花艺的选择与搭配

　　在糖系风空间中，花艺主色调的选择要适合整体空间的色调。在家具色彩饱和度较高的糖系风空间里，可以选择色调浓重一点的花艺，比如红色、橙色、黄色、蓝色、紫色的花束或花瓶等，与空间中家具的色彩形成呼应。如果是色彩淡雅的糖系空间，可以选择清新浅色系的花艺色调，比如浅黄、粉、白，都会让空间显得明快清爽。

色彩亮丽的花艺和色彩浓郁的背景搭配（图片来源：Loft 5 Senses, TN Arquitetura 设计）

浅色系的花艺和色彩淡雅简洁的空间搭配（图片来源：Kerrie-Ann Jones）

突出花草的花器（图片来源：Evgenia Belkina）

小提示

如果想突出花草，花器尽量选择外形简单、色彩饱和度低的，不要抢了花草的风头。如果想突出花瓶，那选择一两种与之搭配的花草就好了，不要贪多或选择种类太复杂的花草。

突出花器的搭配（图片来源：Sisalla）

（2）花器的质感

　　糖系风的空间在选择花器时，要注意选择质感合适的花器。
色彩丰富的糖系风空间，适合搭配精致的玻璃、金属或瓷质花器，
花器对光线的反射会让空间带有更丰富的层次。色彩淡雅的自然
糖系风空间可以搭配陶土瓶或藤编瓶等有质朴自然质感的花器，
会让空间更加清新雅致。

精致亮丽的花器（图片来源：天津市武清区世贸·云　　自然质朴的瓷质花器（图片来源：Kerrie-Ann Jones）
湖样板间，赛拉维设计）

第 **4** 章

空间设计指导：
爱住糖系风的家

糖系风，就像一个治愈的柔和的表情，当糅合了不同个性的屋主和设计师的巧思时，每个家都呈现出各自不同的甜蜜味道，有微甜、清甜，还有香橙味的甜、牛奶味的甜……每一种味道都系着屋主独一无二的幸福之舟，希冀在这治愈的空间里自在悠游。

霓境
纯净轻盈的微甜梦境

▶ **设计公司：** 巢空间室内设计

▶ **项目面积：** 143 m²

▶ **空间格局：** 三室两厅

▶ **摄影师：** Hey!Cheese

▶ **主要材料：** 水磨石、原木、钢构件、水泥、瓷砖

业主画像

业主年龄：90后

业主职业：景观设计师、医务工作者

居住成员：新婚夫妇

兴趣爱好：音乐、画画

生活方式：和家人朋友一起享受美食、旅行

优化前

优化后

设计需求

由于男女主人平时工作繁忙，因此他们希望拥有一个霓虹般微甜轻盈的家，要尽可能地保留更多的开放式空间，可以和家人近距离互动。空间里要有光，有轻盈柔和的色彩，有繁茂的绿植，最重要的是要有可以随心转换的生活场域。

设计主题

雨后天际除了有彩虹，幸运的话还能看见淡淡抹过、似有若无的圆弧，有人称之为副虹或者是霓。当我们重复端详霓的意象，轻淡低调的柔韵样态愈发动人，进而想象自己置身于圆弧之上，大约就与穿梭在虚实交错的幻境感受相差不远吧！

洄游动线增添空间层次感和趣味性

　　针对原始格局，设计师重新做了调配，将空间调整成全开放式的格局，并以洄游动线为空间增添了错综复杂的层次感和趣味性。再将原建筑的结构柱从阻隔视线的角色，转化成划分空间功能的主要构件，分隔出客厅、餐厅，以及可灵活使用的活动场域。窗边有个小巧的、结合几何图线的隐藏柜工作区，占地虽不大，但功能一应俱全，即使处理个人事务时，也仍能与家人共聚于同个场域。

柔美轻盈的莫兰迪色系

　　设计师取用霓虹隐约的视觉层次，将极简的空间本质加以艺术风格化，在整体色彩上分割式运用粉蓝色、粉红色、粉绿色的莫兰迪色块，柔和的色彩搭配增加了人与色彩间的亲密度，让居住者感受到柔和色彩的欢愉逸静氛围。纯白色及浅木色的整体基调，也让空间更开阔、灵动，增进了家人间的互动。让屋主尽管身处都市有限的空间，仍能拥有开放的环境和自由度来安放生活。

轻盈飘浮的微甜梦境

　　另外，为了呼应霓虹似有似无的轻盈飘浮感，公共区域四周放置了错落的柜体和悬空的铁件层架，而主体为水磨石的中岛，将表面削砌成圆弧状，并用镂空单脚支撑的工法呈现，产生了有别于一般石材沉重感的印象，辅以气泡状的球体吊灯，塑造空间的静谧格调。中岛下方取自云朵线条的波浪状设计，不仅是结构支撑，而且具备柜体的收纳功能。可以将居家所需利落且优雅地收存于各处，期望勾勒出流动的空间意象，装点微甜且能令人悠游其中的梦幻境地。

硬质感材质及几何图案中和了空间的轻盈格调

　　由于整体的色彩较为轻盈柔美，在材质的运用上选择了质感自然硬朗的，并配以几何图案。中岛台一侧包裹立柱的白色格纹砖及底下的竖条纹底座，岛台则选择了纹理丰富的水磨石，纯白的台面上星星点点的颗粒感让空间显得纯净自然。同时，电视背景墙以硬朗的水泥材质来稳定空间，地板则采用温润的原木令空间显得质朴而温暖。这些硬质感的材质中和了空间整体轻飘色彩的柔美感，令整个空间显得刚柔并济又纯粹温暖。

留白空间，自由灵活支配

　　平面布局上，在餐厅和客厅的基本功能之外，设计师将空间里面积最大、采光最好的一个区域留作一个弹性空间。如果屋主计划有小朋友，这里可以作为未来宝宝的婴儿房，也可以作为小朋友的活动区域；在没有小朋友的情况下，也可以作为业主的休闲区域，在这里健身、运动等。整套房子里有这样一块留白的空间，业主可以随着时间的变化，自由安排生活所需。

无主灯设计，统一纯净空间格调

　　整个空间只有餐厅有一盏悬吊的主灯，分子灯的造型显得简洁、有趣又有个性，也符合空间的整体格调。其他空间都运用了无主灯设计，自由随心的散点光源让整个空间显得轻盈纯粹。霓虹般轻盈柔和的莫兰迪色系的融合，让整个空间格调显得非常和谐统一。

干净利落的细节设计

　　整个空间在白色和莫兰迪色系的渲染下显得非常纯粹，墙面没有做踢脚线，房门做了隐形处理，和墙面融为一体，让整个空间看起来非常干净利落。衣帽间的设计也非常酷，只以简洁的不锈钢构架贯穿粗犷的木结构，钢管构架既可挂衣服，也是一道特别的风景，简洁硬朗的钢架结构和谷仓门的粗犷造型恰好形成呼应，这也正符合当下年轻人热衷轻盈简洁的审美和收纳喜好。

猫与人的粉色理想国
陷入甜蜜浪漫的马卡龙梦境里

▶ **设计公司**：KC Design Group

▶ **项目面积**：144 m²

▶ **空间格局**：三室两厅的独栋别墅

▶ **摄影师**：Hey!Cheese

▶ **主要材料**：矿物漆、水磨石、瓷砖、不锈钢、玻璃

业主画像

业主年龄：25~35岁

业主职业：自由职业者

居住成员：一个人、三只猫

兴趣爱好：旅游、收藏玩偶、绘画

生活方式：养猫、冲浪运动

设计需求

本案是坐落于海滨的一栋三层独栋建筑，实际使用面积为144 m²，主要为度假使用，屋主是男主人与三只爱猫。年轻的主人希望这个度假屋被治愈感的温暖色彩包裹，度假时自己可以和猫咪在一起放松玩耍，并且有单独的空间展示自己收藏多年的玩偶。猫咪也要有自己独立的空间，和主人在不同的空间也能自由互动、玩耍。

一层平面图

二层平面图

三层平面图

不同明度及冷暖色调和纯粹空间感

　　这套房子在功能上比较单一，由于不是刚需住房，所以设计师有机会尝试打造更纯粹的空间体验。设计思路从空间氛围概念切入，鉴于建筑物本身有三层，不需要所有室内空间都格调统一，从一楼到三楼设计师分别选择了不同明度和冷暖的色彩体系来丰富、充盈空间。

缤纷粉色，置身甜蜜浪漫的马卡龙梦幻里

　　一楼的基调是缤纷粉色与杏色，给人甜蜜轻松感，令人感觉仿佛置身于一家甜品店，沉浸于粉色空间的轻盈浪漫。该空间属于公共区域，作为日常起居及招待朋友之用。设计师以粉色矿物漆作为壁面及天花基底，并挑选偏向自然色调的各种不同的粉红材质，构成多层次的视觉延展。并少量点缀玫瑰金色的不锈钢，与具有粗糙颗粒感的墙面形成对比，体现精致质感。客厅与餐厅有明显的分区，在动线与座位的方向设置上增强了使用者在这两个区域的互动性。电视墙背后是隐藏着的卫生间。餐厅料理台上方的异形天花板，以夸张的造型和图案突出了空间趣味性，并将必要的设备及管线隐藏其中。

创造人与猫的联结关系

在二楼，设计师选用了偏冷的粉色，相比一楼，这里的阳光更加充裕，整体氛围呈现出一种轻薄清透的透明感。二楼属于私密空间，有主卧、卫浴和专属的猫房。为了方便主人和猫咪在各个区域的互动，设计师以猫房为中心布局动线，让其他空间都能与猫房有直接或间接的联结。猫房的空间设计尺度围绕着猫与人，透过细节能发现空间与家具之间的概念转换，比如适合猫走的梯台结合了屋主的写字桌。在这里，主人能边做自己喜欢的事，边跟猫咪玩耍，抑或睡前待在主卧观察猫咪在隔壁的举动。另外，主卫的隔断玻璃能通过遥控调节透光率，以达到保护隐私的目的。

能看风景的房间

　　三楼风格异于一、二楼，多功能的三楼空间是唯一与户外相连的地方，走到天台能看见阳光、天空、转动的风力发电机。空间选用了中度灰色、原木色和局部的粉色，整体氛围显得沉稳宁静。设计师保留了各类材料的原始质感，比如肌理粗犷的铁件、水泥和原木等，以和室内地带自然过渡。

猫眼看世界

　　俯下身想象自己是只猫，用猫的眼睛去看世界。据说猫只能识别蓝色、绿色，对红色是色盲，即便看到如此妖娆的珊瑚粉，也可能感觉灰蒙蒙一片。在猫的眼睛里看到的是否就是空间格调的统一？唯一将建筑与自然阳光联结在一起的便是那秋色正浓的篮球场，明快且活力四射。保持如火的热情、勇敢的初心，以及沉稳的态度，无所畏惧地活着，享受着。

陶土色的温暖之家
自然感的暖意糖系风小家

▶ **设计公司：** CASA

▶ **项目面积：** 约 40 m²

▶ **空间格局：** 一室两厅

▶ **主要材料：** 微水泥、瓷砖、石膏、金属

业主年龄：90后

业主职业：独立摄影师

居住成员：一个人

兴趣爱好：喜爱异域文化、旅行、摄影

生活方式：朋友聚会，享受美食，看艺
术展、摄影展

在这个有限的公寓空间里，主人希望在融
入基本的功能性需求之外，还能拥有灵活
的空间可供自己和朋友聚会，享受美食，
并有独立的办公空间。空间不大，但也希
望整个房子温暖柔和，有风，有阳光洒进
来，即使一个人在家，也能感受到置身于温
暖中，像一只猫一样生活，独立且向阳。

用温暖陶土色打造视觉中心

　　为了增强空间秩序感，设计师巧妙地利用色彩
来区分空间的主次关系，并将多功能厨房这个主人
活动的中心区域打造成整个空间的视觉中心。整个
空间的墙面、天花板和部分地面都运用了充满活力
的陶土色包裹，温暖的色块在空间中分割出一个独
立的盒子，让人感觉仿佛置身于暖意融融的古朴壁
炉旁。高饱和度和明暗度的色调也强调了餐厨区域
在整个房子中的主体地位和视觉焦点。

对比色增添冷暖与动静的空间对比

多功能厨房融合了做饭和就餐的功能，特别设计的大尺寸餐台一直延伸到了客厅区域，可以兼顾办公、朋友聚会等功能。开放式的厨房和小巧的客厅相连，整体温暖且具有活力的陶土色调让空间显得生动活泼，也契合了空间的功能属性。同时，厨房温暖的色彩和客厅宁静舒缓的莫兰迪色系，形成冷与暖、动与静的对比，增强了空间趣味感。当主人在两个不同色调的空间活动时，因色彩反差所激起的情绪和体验也完全不同。

微水泥的运用，营造自然暖意氛围

　　设计师将当下流行的新型材料微水泥运用在整体空间的墙面、顶面及部分地面。微水泥的好处是可以防溅墙，便于清洁打理。其细腻自然的质感也增强了空间的自然属性和温度感，让人待在空间里不会感觉冰冷。材质色彩上是更偏向自然的陶土色，让主人即使一个人在家或是独自办公、就餐时，也能感受到被包裹的温暖。

线性照明，按需转换照明功能

　　整体空间采用了无主灯的照明方式，并且灵活运用线型灯具，这种线型灯具方便又好用，主人可以根据照明需求随时变换灯具位置。客厅吊灯被设计师引到了沙发旁，既用于照明，又具有装饰性，也不会占用空间和顶面，让整个空间界面显得干净利落。散落于各个角落的白色球形灯具，也成为整个空间里灵动活泼的装饰。

色彩分割空间

在私人领域，设计师运用色彩分割的手法来增加空间的趣味性，不同的空间在色彩和分区上非常分明。比如客厅墙面、地板及软装皆运用了宁静柔和的莫兰迪色系，而天花板则涂上了大胆的紫红色，并运用了稍显繁复的石膏线条和花纹，和地板的瓷砖花纹形成上下呼应关系。浓郁大胆的天花板色彩给空间带来厚重的历史感和复古韵味。融合从大面窗户照进来的柔和阳光，整个空间显得轻盈又温暖。卧室则以宁静舒缓色调为主，以白色为基调，墙裙融入薄荷绿，同样以复古花纹的瓷砖铺地，而天花板则运用了深沉的青色及复古的石膏线条和角饰花纹，整体设和客厅如出一辙，让不同空间里的元素造型形成联结和呼应。

明亮的粉色之家
纯净的粉色幻想

▶ **设计公司：** The Interior Workshop by Ira Lysiuk

▶ **项目面积：** 100 m²

▶ **空间格局：** 三室两厅

▶ **主要材料：** 艺术漆、石材、玻璃、铁艺

业主画像

业主年龄：80后

业主职业：医生、企业高管

居住成员：年轻夫妇、一个男孩

兴趣爱好：阅读、瑜伽、冥想

生活方式：和家人一起观影、阅读、旅行

设计需求

对于新家，主人希望能兼顾每个成员的需求，同时，家人之间能有更开阔的互动空间，也要有充足的收纳空间满足家庭的各项收纳需求，若有独立的储藏室是最好的。女主人由于平时工作压力较大，希望有一个独立的冥想空间供自己独处。半大的男孩活泼好动，足够大的游戏和学习空间才能消耗掉他旺盛的精神头儿。

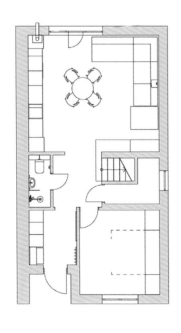

一层平面图

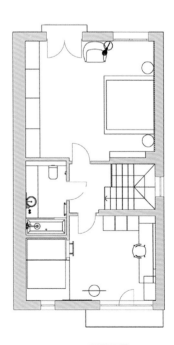

二层平面图

功能便捷的玄关区域

考虑到全家人的鞋子收纳量比较大，玄关位置设计了加厚的鞋柜，以满足更多的收纳需求，同时还设置了换鞋凳，方便主人进出门时换鞋，一面超大的落地镜配合一侧的挂衣钩，美观又实用。空间中还设计了一些有意思的搁板，补充了收纳功能，也给空间增添了趣味性。

实用的功能性设计，满足便捷生活需求

为了满足业主一家人的生活需求，设计师在整体功能性上考虑得非常周到。在客厅的大空间里满足了厨房和餐厅的功能，还特别设置了可供全家人或朋友聚会的 L 形大沙发，闲暇时一家人围坐观影也是一件非常惬意的事情。楼梯的设计也兼顾了美观和实用，并利用楼梯间做了一个收纳间，楼梯右边也有一个收纳间，收纳间设计极大地解决了家庭的实际功能问题。

黑白灰搭配粉色系，打造纯净空间感

　　这套房子整体运用了黑、白、灰的基础色调，并在这一基调上融入了粉色系，既让整个空间展现出高级感，也显得不那么冰冷，同时粉色系的运用也给空间注入了生活的温度感。在客餐厅及儿童房的设计上都沿用了相同的色彩搭配。整个空间里黑、白、灰和粉色系的运用形成一种完美的融合，让整体空间的格调显得非常纯净、轻盈。

粉色系的层次变化形成空间呼应

　　设计师非常注重对空间的色彩关系和平衡度的把控，对整体空间的色彩层次感和递进关系也处理得非常精准。在客厅和餐厅采用了灰色系和不同层次的粉色搭配，粉色的运用也有不同的深浅层次。比如窗帘和餐椅都运用了稍偏中性的裸粉色，而餐桌由圆柱体集合而成的底座和墙面的竖条纹造型板则运用了更轻盈的马卡龙粉色，在色彩和造型上形成呼应。整体空间的色彩运用在视觉上形成互补，而色彩的细腻变化让空间更有层次感，也展现出生活的精致度。

隐藏式投影仪满足多功能需求

考虑到业主有使用投影的需求，设计师特别在客厅设计了可自由升降的隐形投影仪设备。平时不用投影仪的时候可以将其藏入天花板的装置里，整个空间显得干净利落；当有影音需求时，投影仪设备可以自由地从天花板垂下来，也让整个空间多了些家庭氛围。

线条元素打破平静

整体空间的设计元素非常纯净，除了点和面之外采用了很多线条形的装饰，比如包括卧室软包墙板在内的很多空间的竖向条纹墙板，以及餐桌底部圆柱形集合的设计。主卧室的床头背景墙也采用了宽窄不一的线条元素，墙裙的粉色线条更精细，顶部的纯白色宽线条元素令空间更纯净。设计师对线条的宽窄比例和色阶之间的对比关系也做了特别用心的思考并进行了精细设计，让整体纯净色调的空间呈现精致的细节和层次美。

严谨细节相互呼应，打造出干净利落的视觉感

　　主卧空间很大，设计师利用靠墙空间做了整排的收纳柜，柜体采用了黑色系的内层板，柜门用了白色，同时柜门背面处理成了黑色，并特别运用了横向的黑色把手。而一楼客厅的壁炉上方也做了黑色的横向 L 形细节设计，与底下 L 形的壁炉开口形成呼应，也让整体界面的视觉感更统一，显得非常干净利落。这些相互关联的细节体现了设计师对工艺和精致细节的超高要求，也折射出主人对生活的严谨态度。

从孩子的需求出发打造儿童房

在儿童房的设计上，考虑到男孩爱玩的天性，设计师特地将儿童房的大量空间留给小朋友学习和玩耍用。考虑到小朋友的安全性，卧室床头的墙面运用粉色软包材料做了包裹处理。同时，利用床上面的层高设计了一个游戏区，并特别设计了安全网，灰色那面墙也设置了攀爬梯和预留了圆形空洞，方便小朋友游戏的同时也增加了空间的趣味性。除此之外，还设计了足够的收纳空间，直达顶面的衣柜和宽大的学习台满足了收纳和学习的需求。

考虑到孩子爱玩游戏的天性，对他的私人空间的设计不一定以床为中心，要更多地围绕他在空间里的行为和需求来设计。比如有些小朋友不喜欢睡觉，那么房间里可以多增加一些他喜欢的学习或游戏设备，包括一些玩具的展示，这才是贴近孩子内心需求的空间。在儿童房的设计中，对安全感、包裹感的给予和游戏心思的满足，对小朋友来说才是最重要的。

留白的魔幻镜中世界

设计师在有限的空间里实现了功能的最大化，在一个小复式的户型设计了三个房间，除了两个空间充裕的卧室，还特别设计了一个满足女主人需求的禅修室，让女主人在繁忙的工作之余拥有可以放松冥想的空间。禅修室的顶部设置了一面圆形的镜子，帘子后面也设置了一面镜子，并在墙面运用了立体三维画，门框做了隐形处理。当门闭合时，整个纯净的空间里仿佛出现了一个悬浮错位的三维空间，而镜面吊顶中也出现了一个同样的悬浮影像。大面积镜面和三维画的运用，让原本局促的空间呈现出魔幻的效果，显得更有趣味性。

黑白色块变化，营造戏剧冲突

两个卫生间的设计非常特别，其中一个卫生间以白色的墙地面搭配黑色的洁具，另一个则以黑色的墙砖搭配白色的洁具、柜子和浴缸。黑和白截然相反的运用，在两个空间形成戏剧化的冲突，显得耐人寻味。卫生间黑白色块的对比运用也正好和整体空间黑、白、灰的基础色调非常搭配，可以看出设计师对色彩饱和度和色彩关系的整体运用非常用心，在整体空间的色彩比例关系上也运用得恰如其分，即使是小空间的色彩运用也显得很高级。

浪漫柔美的法式马卡龙陷阱

漫屿

- ► **设计公司：** 双羽空间设计
- ► **软装单位：** IVAN 软装
- ► **项目名称：** 河源雅居乐
- ► **项目面积：** 130 m²
- ► **空间格局：** 三室两厅

业主画像

业主年龄：90后

业主职业：舞蹈老师

居住成员：单身女性

兴趣爱好：舞蹈、摄影

生活方式：插花、下午茶、看书

设计需求

女主人由于职业缘故，爱好一切浪漫美好的事物，尤其偏爱粉色，喜爱法式的浪漫精致格调。但也不希望家中显得过于甜腻俗气，希望拥有纯净舒适的氛围，就像马卡龙那样，有一丝丝甜腻的柔软就好。同时，空间要有更开阔的格局，要有足够的收纳空间。

纯粹、便捷的玄关空间

在动线设计上，设计师充分考虑了空间的流动性及主人日常活动的习惯，在玄关入门处，特别定制了一体化的鞋柜，遮挡室内隐私的同时也增加了收纳空间。并贴心摆放了丝绒质感的换鞋凳，墙面大面积的复古造型镜子也方便主人进出门时修整仪容。入口处米灰色系的水磨石与人字拼的木地板拼接，与客餐厅区域形成自然的过渡和延展，运用设计语言营造出纯净、通透的氛围。

纯净白搭配浪漫粉，打造甜美纯粹的迷人空间

客厅区域融合了白色的纯净、粉色的浪漫以及橘棕色的温润，在三者的和谐交融下，演绎出梦幻格调的空间语境，并运用现代与法式复古雕花线条的艺术混搭，令空间释放出女性独有的柔美气质。在整体纯净的白色空间下，融入造型柔和的脏粉色丝绒沙发，以及憨厚可爱的米色毛呢单人沙发，再搭配简洁的石材茶几，整体柔软舒适的材质与和谐的色彩调性，使空间呈现出丝绒般的柔美质感，让人置身其中时，就像陷入了一个甜蜜的陷阱里。

精致纯净的灯饰组合，赋予空间浪漫柔美的氛围感

　　在灯光设计上，客厅的造型灯具尤其出彩，给整个奶油蛋糕般甜美柔和的空间添加了更多浪漫气息。从墙面斜出的一支造型柔美的花枝壁灯，采用精致的手工贝壳艺术造型，既补充了墙面光源，又是沙发背景墙的独特装饰。法式石膏造型吊顶铺陈下，纯白色磨砂花球吊灯、水晶雕花壁灯等灯饰组合给空间增添了柔和纯粹的氛围。皮粉色沙发一侧是俏皮的鸵鸟造型落地灯，方便主人读书时作为补充照明。丰富的灯光组合令空间更具有延展性，营造出俏皮生动的宜居空间，在光线的过滤下，纯净的空间质感越发沁人心脾。

灰白基调，调和轻盈气质空间

　　餐厅整体以灰白色基调为主，配合几何形态的家具和灰色系的画框，营造出丰富的视觉感，凸显出空间时尚轻盈的气质。卧室等私人领域也延续了主空间的灰白色调与原木色系，让整体空间显得简洁又温暖，保留了自然本真的色彩，并将业主的生活细节和功能性需求合理地融入各个空间角落，让空间更显纯粹。

来一场浪漫与艺术的法式约会
香山美墅

▶ **软装设计：** 凡夫设计
▶ **主设计师：** 刘金峰、王茵茵
▶ **项目面积：** 126 m²
▶ **空间格局：** 三室两厅

业主画像

业主年龄：35~40岁

业主职业：企业高管

居住成员：年轻夫妇与未来的宝宝

兴趣爱好：游历、阅读、游戏

设计需求

业主在跨国企业担任高管，由于工作需要，经常游历各国。对自己钟情的居住氛围非常笃定：法式浪漫、莫兰迪色系，具有独特的艺术气质，对整体空间的功能格局要有明确划分。

设计主题

南方冬天那么短，为什么要在家里装个壁炉呢？

因为哪怕只用几天，只要有这样的一次，与爱人依偎在壁炉前，看着对方被火光照亮的脸，说几句悄悄话，可能就会成为一辈子最难忘的记忆。城市的生活节奏那么快，谁不渴望有一个地方能让脚步暂停，停下来享受当下，并让这段时间成为永恒的记忆呢？有些东西即使有用，我们也不一定会珍惜，有些东西虽然没用，却让人终生难忘。

简约复古感线条，打造浪漫艺术感大宅

　　入户玄关处采用了瓷砖与地板人字拼接的方式，让玄关
与客厅空间在地面材质上形成延展与融合。而空间内反复出现
的简约石膏线条、门套线、矩形框，丰富了空间的立面层次。
光线由落地窗照进屋内，在牛奶般润泽的墙上逐渐减弱，由于
各处凹凸线条的铺陈，阴影层次极其丰富，空间变得像油画般
精致，让这个近 130 m^2 的中户型拥有了 300 m^2 别墅的气势。

原创屏风增强空间灵动感

　　客厅沙发背后的墙面是原建筑预留的电箱位，并不是正对走廊的。设计师特别运用了弧形不对称造型的屏风，让四平八稳的客餐厅空间格局多了一丝灵动活泼。局部的镜面造型增加了空间的纵深感。同时，在它的背后设计了业主的第二个备用鞋柜，很好地解决了玄关处收纳不足的问题。

相互呼应的精致细节及艺术品

　　为配合整体空间纯净的色调，设计师选择了安静、抽象的艺术品来和空间融合。精心选择的装饰元素包括装饰画、屏风、抱枕、雕塑，以及茶几、单椅等家具，甚至柜门拉手等细节都在造型和色彩上具有关联性，在空间内形成呼应关系，让整体视觉感更统一。而烛台、花器、地毯等软饰摆件，只要未来主人用心去搭配，均能成为空间里的神来之笔。

洄游动线及精致软装，自由融合多个空间

　　从客厅到多功能房设置了两处入口，这种洄游动线的考量，使得光线、空气与人的活动更加轻松自由。纱帘、水晶灯、地板、壁纸、推拉门的样式选择，很好地在前后空间关系上融合了阳台、走道与多功能房，也让视觉更延展，空间显得层次分明、和谐统一。

戏剧生活：灵活滑门，照顾男女主人的多种需求

　　整个房子除去玄关、客餐厅、卧室以及厨卫硬性功能空间，只剩下一个房间来满足软性需求：阅读、手办收藏、三两密友的小聚、电子游戏、影音娱乐、客人的休息，以及眺望户外风景。如何在同一空间实现多场景转换？设计师运用融合了衣物收纳、电视墙、展示书架的多功能收纳柜体，并运用半边柜体滑门实现男女主人在不同时间段的场景需求转换。往右滑是女主人的下午茶空间，往左滑是男主人的游戏空间。我们既与爱人亲密无间，又是独立的个体，还能照顾到彼此的爱好，体贴周到。

窗台侧面的收纳柜，满足收纳及化妆需求

　　追求精致生活的女主人希望空间里各处都保持高颜值。设计师借用窗台侧面，做了一个立体的化妆收纳柜，巧妙地隐藏在窗帘后面。除了用于囤货、放柜门镜、收纳首饰外，拉开底部托板还能变身为一个简易化妆台，解决了女主人的各种收纳问题。

未尽的梦

对于还没降临的小天使，女主人在次卧留下了对未来的美好憧憬。设计师用中明度的绿色系作为墙裙与上方留白的墙面结合，奠定了整个空间简洁雅致的格调。再融入复古的墨绿色门铃式壁灯，白色墙面上的绿色梦马小品，以及暖橙色铁艺边几，一切简单又美好。而弧形的灰色绒面床靠及床尾的紫色绒面窗帘，给空间注入了优雅温柔的气息。设计师以简简单单的笔触描绘出对未来宝贝的温柔期许。

镜子门变身穿衣镜及收纳柜

衣帽间与主卫之间的过道镜子门既是穿衣镜，又是收纳柜。镜子映出了对面的衣柜空间，让走道看起来变长了一倍，让整体空间显得明亮开阔。镜子背后的层板退进去15 cm，在柜门侧面安装了挂杆，可以供主人陈列围巾、皮带。

主卫镜子当窗帘

主卫的原结构让窗户不能居中正对洗手台盆。设计师特别设计了滑轨，让镜子成为活动的屏风，可以在任何位置停留，也充当了窗帘的角色。

灵活运用不利因素，挖掘收纳空间

为满足主人的各项收纳需求，设计师在厨房外部过道处设计了功能强大的收纳柜，并利用卫生间错落的墙面设置了可放置电器的高柜，还将管线、饮水机嵌入凹位。

克莱因蓝
蓝色的时光隧道

▶ **软装设计：** 凡夫设计

▶ **主设计师：** 刘金峰

▶ **参与设计：** 王茵茵

▶ **项目面积：** 120 m²

▶ **空间格局：** 五室两厅

▶ **主要材料：** 爱格板全屋定制、瓷砖、强化地板、乳胶漆

业主画像

业主年龄：80后

业主职业：金融行业

居住成员：三代同堂

兴趣爱好：音乐、电影

生活方式：品酒，朋友小聚，和家人一起看电影

设计需求

由于业主夫妇和父母、孩子一家五口人一起居住，足够的功能空间是首要的，同时也要有强大的收纳空间。公共区域要兼顾家人朋友聚会和偶尔办公的需求，也希望整个空间更开阔，能满足各种生活场景的自由切换。整个房子不需要太多色彩和装饰，但要有些特别的角落。

蓝色的时光隧道

在这个案子中，设计师希望给业主一些不一样的惊喜，比如在容易让人忽略的空间加入特别的设计语言，设计师在卫生间和餐厅之间的墙面上开了一扇玻璃窗，透过客餐厅的白色墙壁，能看到另外一个蓝色的空间。就像墙面镶嵌了一个彩色的玻璃盒子，让人想一窥究竟，也恰好成为客餐厅一个别致的装饰，与旁边蓝色包裹的走道和尽头主卫干区的蓝色背景融为一体，仿佛一个蓝色的时光隧道，静谧的蓝色让人路过此处时想停驻，凝神静思。设计师运用设计的巧思让内和外的空间关系成为最有力量的语言，也将容易被人忽略的空间变成了全屋最重要的联系纽带。

开放式布局，灵活变化空间功能

　　由于男女主人都喜好交际，平时家中经常有朋友聚会。设计师对户型做了改动，设计了开放式的书房和客厅。主人入户后，视线非常开阔。即使男主人在书房办公时，也可以和在客厅休闲的家人有很好的互动。当有朋友时，空间也可以灵活变化。在客厅与书房中间特别设计了吧台，可以和朋友一起在这里喝茶、品酒，也可以将其作为一个小型的办公区域。

巧用窗户，暗藏巨大收纳空间

　　由于家里成员多，收纳功能是主人关注的重点。设计师对收纳功能重新做了规整，既要好看又要好用，并且要巧妙地融合到设计里，让整个空间毫无违和感。为此，设计师运用了细致的设计巧思规划。其中，客餐厅的收纳设计尤其出彩。餐厅靠窗的墙面利用窗户的框架结构，做了整面墙的原木收纳柜，隐形式的设计，让人不细看真不知其中暗藏强大的收纳玄机。柜体和抽屉的结合，留给餐厅足够的收纳空间。同时，窗框也以原木三面包裹，并在一侧留出开格放置茶具，窗台上也可以摆放一些小物件或小盆栽。

多种功能融为一体，巧用心思兼顾收纳和视觉美感

在客厅和书房的开放性区域，设计师将投影仪背景墙、收纳柜、壁炉及长吧台四者融为一体，让整个区域的视觉中心显得干净、规整，兼顾美观和多种功能性。厚重的黑色石材立体壁炉直达天花板，上部以线条切割分隔界面，底下镂空的壁炉炉火熊熊燃烧，冬日里家人围坐在一起看电影也能感受到浓浓暖意。与壁炉相结合的吧台是朋友小聚的绝佳位置，同时也可以作为简单的收纳展示台面。天花板暗藏的投影幕布丝毫不影响视觉美感，当投影幕布放下来的时候，这片规整的区域恰好作为投影幕布的背景，也完全不影响背后的书房。坐在吧台边刚好可以看见后面开放式书房的展示书架，书房的办公区域也将写字台和收纳柜、层板书架设计成一体化的，规整空间的同时也提供了充足的收纳空间，同时还能兼顾展示的美感。从书房望向客厅区域，才发现暗藏在壁炉背景墙背后的玄机是另一个功能强大的收纳书柜，不得不佩服设计师的巧妙心思！这样的融合性设计，不仅满足了书房和客厅的收纳需求，也让整个公共区域的动线更规整，同时兼顾了视觉美感和强大的功能性。

一体化设计，完美规整空间和增强收纳功能

　　由于儿童房空间有限，设计师利用窗台的宽度，做了床头和写字台的一体化设计，让床头既能满足放置手机、书的简单收纳需求，也在有限的空间里预留了小朋友学习的位置。老人房也同样融合床头、床头柜及衣柜做了一体化的设计，原木色的床头与低矮的抽屉柜融为一体，并在衣柜处贴心设计了开格，方便老人收纳书籍，休息时拿取方便，开格内也运用了原木色。整体的原木色调将不同的功能区整合为一体，配合白色的整体基调，令空间既美观又干净利落。

金色搭配蓝白色，演绎精致高级的别样韵味

　　空间里的色彩搭配非常出色。整体空间以白色为主体色，同时还融入了蓝色，蓝白色的硬装搭配令空间显得清爽纯净，并将蓝色延续运用到每个空间，比如走道、主卧、主卫和客卫的墙面，以及客厅的单人沙发、装饰画，让空间里形成色彩的相互呼应。软装上，设计师巧妙地运用了金色黄铜的造型圆凳，黄铜的家具及灯具构件，以及黄铜的边框，给空间注入了几分复古的精致感。同时，蓝色和灰色系的丝绒面料餐椅、沙发给空间增添了精致柔软的触感，再结合金色黄铜的点缀，让空间显得愈加精致，别有韵味。

逗猫、侍弄花草的美好时光
葡萄家

- ▶ **设计公司：** 吾隅设计
- ▶ **主设计师：** 荣烨
- ▶ **项目面积：** 147 m²
- ▶ **空间格局：** 四室两厅
- ▶ **主要材料：** 长虹玻璃、水磨石、
  木质波浪板、金属

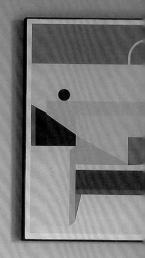

业主画像

业主年龄：90后

业主职业：汽车工程师、淘宝店主

居住成员：年轻夫妇和两只猫

兴趣爱好：购物、逗猫

生活方式：养花插花、瑜伽、下午茶

设计需求

业主希望这个新家拥有更开阔、更自由的格局，让家人之间能有更多的互动，不受空间功能的约束，能随心所欲地切换各种生活场景。由于平时就两个人住，女主人希望空间更舒适，并将最爱的颜色融合到空间里，让人乐在其中。另外，女主人在淘宝开了家DIY的饰品店，各种货品和材料需要分类收纳，还需要更细分的收纳空间。

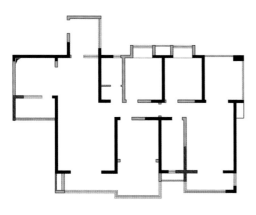

入户花园改造为独立玄关

设计师通过对功能的重新设置，将入户花园改造为开阔的独立玄关。玄关地面和墙裙运用了 1200 mm×600 mm 的复古白色水磨石铺装，并以精致的金色线条收边，墙面顶部采用了女主人喜欢的浅粉色，水磨石颗粒质感和静态的色彩形成对比，营造出复古的柔美格调。玄关的黑框折叠门上半部分采用普通透明玻璃，下半部分采用不透明的长虹玻璃，阳光可以完全照进来，同种材质肌理上的变化也给空间带来一丝趣味性。靠近换鞋凳的地方还设置了储物架，方便主人进出门时放置随身物品。并以挂画及绿植来遮挡墙面配电箱，同时给空间增加了生机和趣味。

高颜值厨房，让料理时光变得有趣

　　设计师在厨房也融入了女主人喜欢的颜色，运用蓝灰色和裸粉色让整个厨房变得活泼起来，并将开放式的岛台加宽，可以放咖啡机和食物。考虑到女主人喜欢烘焙，岛台背面嵌入了烤箱，不用的时候岛台也可以作为餐台和备餐台使用。岛台的加入不仅界定了厨房与餐厅的功能，还起到了空间过渡的作用，增强了两个空间之间的互动。同时，打掉厨房与餐厅之间的墙垛，用储物架柜体代替，既增加了实用性，又化解了柜体侧面厚度产生的厚重感，并将储物架和厨房高柜进行一体化设计，让空间显得规整干净。

优雅宁静的治愈系空间

　　客厅和多功能房临近，两个空间在设计格调上也颇为一致。沙发背景墙和电视墙以带有灰度的柔蓝色为主，下方墙裙以复古的静谧蓝铺色，搭配白色的造型简约的沙发和大理石茶几，黄铜的几何造型单椅和灯饰，再配合抽象图案的挂画和抱枕的柔美色彩点缀，让这个空间显得优雅又宁静。舒适质朴的棉麻布艺沙发和搭毯，蓬松的羊毛坐垫，让空间瞬间有了治愈感。面对着纹理自然的原木电视柜和生机勃勃的茂盛绿植，户外的风将阳台上的花香送入屋内，让人只想窝在沙发里逗逗猫。

多功能阳台，坐享美好时光

　　多功能房和客厅共享了一个宽敞的阳台，并作为主人与两只猫——"金蛋"和"牛奶"的娱乐空间，也是女主人的瑜伽室。看着满阳台的花草和阳光，逗逗猫、做做运动，或是侍弄花草、插花、喝下午茶，在此放松身心，静享一段美好时光。

灰粉色搭配复古蓝色，营造浪漫舒适的休憩之所

　　主卧也同样运用了女主人喜欢的颜色，以带点灰度的粉色和复古的蓝色作为背景墙的主色，床头挂画、房门以及床品、窗帘也都运用了深浅不一的复古蓝色和粉色系，让整体视觉感在统一中又有丰富的变化。再融入精致的黄铜线条、画框和灯具，轻盈柔美的云朵吊灯和花草，让整个主卧显得浪漫又舒适。由于平时只有业主两个人住，房间里没有设置过多的固定家具，让空间拥有更多的可能性，也增强了使用的延续性。次卧和书房整体风格非常简洁，都以清新明亮的柔蓝色为主色，并融入简约的白色家具，简单的配置给未来更多发挥余地。

粉色搭配黄铜元素，打造精致柔美私人领域

主卫整体也延续了粉色调，搭配 200 mm × 200 mm 白色小方砖，再加上黑色门框，创造出丰富的视觉层次。圆镜、金属搁板、柜门把手及材料收边则运用了黄铜元素，明亮的金色与浪漫的粉色调完美融合，打造出唯美精致的私人空间。

克莱尔的异想家
多元复古色的艺术之家

▶ **设计公司:** 吾隅设计

▶ **主设计师:** 荣烨

▶ **项目面积:** 100 m²

▶ **空间格局:** 三室两厅

▶ **主要材料:** 水磨石地砖、波纹板、小白砖、
　　　　　　　 木地板、爵士白墙砖

业主画像

业主年龄：90后

业主职业：设计师

居住成员：年轻女孩，父母偶来居住

兴趣爱好：绘画、雕塑、电影

生活方式：逛博物馆、艺术馆和美术展，旅行

设计需求

由于女主人之前在法国留学，对法国有特殊的感情，希望自己的家中也能体现一些她在法国的记忆符号。喜欢温暖、有质感的颜色，希望运用色彩来塑造空间的体块感。在功能设置上，希望玄关处有方便的换鞋凳，有钥匙收纳和衣帽挂架的设置，有能放下20双当季鞋子的鞋柜；餐厅要有吧台，兼顾用餐、喝咖啡、和朋友小聚的吧台，以及餐边柜；卧室要有设计合理的衣物收纳柜和阳光充足的化妆台；独立的工作室要有宽阔的工作台面，方便办公及绘画。

实用和美观兼具的功能玄关

　　由于女主人对鞋柜的便捷和实用性有特别要求，设计师在玄关处设计了嵌入式鞋柜，可收纳当季鞋物。由于空间进深和高度有限，鞋柜只做了1m高，留出半墙以棕粉色系装饰并以绿植点缀，打造了一个"欢迎回家"的入户空间。同时，主人希望玄关简洁实用，设计师在入户门的左边设置了换鞋凳，还运用了镜子和挂钩的组合，方便主人出门或回家时整理妆容和挂放包包，同时也是墙面装饰的一部分。

定制记忆符号，重温法国生涯

　　客餐厅呈竖厅格局，女主人Claire曾住在法国布洛里-比扬古（Boulogne-Billancourt），在那里学习生活了六年，而她家旁边的地铁站名字也叫比扬古，也是她每天坐地铁回家的终点站，因而她对这个老地铁站有特别的情愫。所以设计师把这个站名"BILLANCOURT"定制成了黄铜字母，与地铁站方格砖和球灯元素一起植入到餐厅墙面作装饰陈列，希望能让辛苦工作一天的主人在回家后感受到曾经在法国每天回家时的美好记忆。

多功能吧台，聚集人间烟火气

　　对于女主人来说，餐厅是一家人享受美食与交流情感的地方，是整个家中最有温度的存在。设计师特地设计了女主人心心念念的吧台，定制了和吧台叠合使用的餐桌，既能满足聚会、玩乐的需求，又能满足其日常用餐和休闲的需求。特别设计的黄铜造型的吧台脚架也是空间里的一道风景。

色彩界定空间，增添戏剧感

女主人 Claire 在法国求学时主修造型艺术，希望空间拥有温暖而有质感的色彩氛围，并希望借助色彩来区分空间。设计师在对女主人的喜好色进行综合评估后，植入了她喜好的酒红色、抹茶色、瓦蓝色，并运用不同的色彩界定不同的功能空间，提升了空间层次感，增加了空间的趣味性和戏剧感。比如在客餐厅和玄关等公共空间，以大面积的浓烈酒红色和粉色打底，同时点缀小块的墨绿色和灰色形成色调的碰撞。而在主卧、次卧、书房、卫生间等私人领域，则选择了相对清新柔和的瓦蓝色、抹茶色作为基础色，让私人空间显得静谧舒适。

抹茶色书房，给艺术更多想象空间

　　由于女主人多在家工作，并且绘画创作需要更宁静、更开阔的空间，设计师选择了清新自然的色调。仅以大面积的抹茶色和纯白色为基础色，清新的色彩更益于女主人发挥创意。书房只设置了简约的书桌、墙面置物架和洞洞板等，调配出一个自由、开阔的工作间。

丰富的色调及细节处理，享受精致便捷的生活

　　客卫选择了清爽的蓝白色搭配，干湿分区，在干区涂上凉爽的粉蓝色，让空间更显活泼，入墙式的龙头让主人清理台面更便捷。在台面下方做了搁板，便于随手拿放书和物件。主卧卫生间延续了粉色系的配色，仿爵士白墙砖搭配复古简约的球形吊灯，让空间多了一抹摩登时尚情怀。

文艺复古感的生活家
可以在阳台画画的房子

▶ **设计公司:** 深圳市见微陈设艺术设计有限公司

▶ **主设计师:** 向北

▶ **项目面积:** 104 m^2

▶ **空间格局:** 三室两厅一卫

▶ **主要材料:** 进口复合地板、实木家具、实木定制柜、进口油漆、艺术花砖

业主画像

业主年龄：80后

业主职业：杂志编辑、摄影师

居住成员：年轻夫妇和女儿

兴趣爱好：摄影、插花，钟情于手工

生活方式：画画、养花，和朋友闲聚

设计需求

女主人是杂志编辑，爱好摄影、插花，钟情于手工，喜爱复古元素，不将就，正能量，热爱生活。根据夫妻俩的生活需求，设计师在空间格局上稍做调整，遵循"少即是多"的生活概念，合理运用与释放每处空间，同时满足收纳需求。融入了多维度的美学思维，注重营造生活的仪式感。

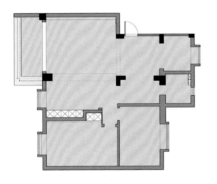

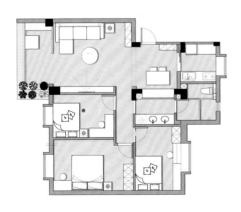

拥抱生活的仪式感

　　客厅空间融合了复古与现代格调，色彩上文艺白色与爱马仕橙色的激烈碰撞让整个空间恰到好处。电视墙适当留白让空间回归纯粹本质，爱马仕橙色的背景墙搭配具有质感的藏蓝色布艺沙发。沙发背后是一组复古的宫廷风装饰画，与有怀旧感的橙色背景完美融合，瞬间点亮空间的文艺因子。沙发两边是稍显厚重的中古风实木展示柜，搭配别致的装饰元素和绿植，让空间充满浓郁的生活气息，也带来几分怀旧和文艺气息。客厅阳台阳光充盈，白纱帘配合光线的装点让空间显得浪漫灵动。闲暇时，和志同道合的朋友围坐在沙发旁，聊聊书，聊聊梦，久经生活考验仍怀抱一颗初心，本身也是一种仪式感呐！

活色生香的人间烟火气

为了节约空间，设计师专门在餐厅区域设计了卡座，让空间显得既实用又文艺，并合理运用自然光，让客餐厅与厨房保持互动和连通感。卡座背后的艺术玻璃配上有趣的装饰盘子，以及墙面上的生活照片，打造出一个活色生香、充满烟火气的就餐角落。卡座背后的艺术玻璃不仅是装饰，而且为后方的干湿区提供了充足的采光。设计师合理利用每一寸空间，令空间兼顾实用性与美观性。厨房空间不大，但功能齐全，蓝色橱柜搭配白色面包砖，整体视觉感既统一又和谐，搭配地面和操作台一侧墙面上花砖的活泼色彩和图案点缀，让空间显得格外明媚生动，让女主人每次做饭都拥有好心情。

文艺闲适的卧室

　　优雅的女主人多才多艺，琴、棋、书、画样样精通。设计师将主卧空间的实用性与美感相结合，素色的背景让女主人可以随意根据自己的心情选择软装来搭配空间，文艺风的静谧蓝细格纹床品，配上深色系的做旧原木家具，让空间顿显恬适，也加深了空间的文艺气息。床头的做旧原木写字台配合网格、卡片的装饰，正好是女主人的办公一角。简洁的搭配和质朴的原木材质让整个空间显得闲适宁静，让心回归自然。

童趣造型，满足小小的幻想世界

为了增加空间的趣味性，儿童房整面墙都刷上了浅灰色和粉色的色块，只设置了简单的粉色系书桌和可供收纳的卡座。墙上的粉色造型书架和小巧的原木床头靠背都做成可爱的小房子模样，让空间显得活泼有趣，满足了小朋友的童心和幻想。五彩缤纷的造型吊灯在色彩和造型细节上和窗帘相呼应，给空间增添了些许斑斓的童话氛围。

精致便捷的卫浴区

卫生间区域为了主人生活的方便做了干湿分区，不仅做了玻璃隔断，还加了一块布帘用于遮挡，深灰色系的风景图案显得格外文艺。双台盆的设计非常实用，洗漱再也不用抢位置了。粉色墙面仅有简单的装饰画和两面六边形镜子搭配金色的镜框和镜灯配件，蓝粉色的花朵造型瓷砖地面，让这个小空间显得精致又柔美。

鸣谢

巢空间室内设计

良好的空间格局动线与居住的使用感受，是提升设计的重要方面，也是我们在设计中持续追求的目标之一。巢空间室内设计的设计团队，具备专业的室内设计与工程管理执照，拥有长期配合的优质工班，实行施工质量与工地安全维护最高标准。因此在不同的需求条件下，我们更能为每个房子创造出独一无二的设计样貌。

成都吾隅设计

成都吾隅设计致力于探索以人为本的室内空间解决方案，通过"设计思考"满足屋主对于家的功能及情感需求，并擅长运用不同的色彩、物料进行多元化创意设计，为每一个家创造新的可能性。

KC DESIGN STUDIO

KC Design Studio

我们舍弃无意义装饰，更强调人、活动及环境的联结关系。不同的基地环境、独特的生活方式、整体的机能组成，形成了每个空间独特的形态，设计时融合使用者的感官需求，借由设计巧思找出最适合的方案并将使用者的期待转化成现实。

我们更加重视通过使用者更多地参与互动，挖掘其真实的生活态度与活动模式，层层划分后再赋予设计的联结，创造真正符合期望的使用空间及巧妙有趣的生活方式。

深圳市见微陈设艺术设计有限公司

见微陈设艺术设计是一支注重生活质感与人文精神的创意团队，作品多次荣登央视《空间榜样》《瑞丽家居》《现代装饰》等室内设计专业媒体，崇尚艺术与空间的完美结合，专注并坚持设计理念，用实景作品诠释实力。

双羽空间设计

双羽空间设计对生活美学不懈追求，注重设计逻辑与细节品质，致力于为客户构筑个性、舒适、健康的高级私宅。拥有一批由敬业、富有创新意识、务实且年轻的优秀设计师组成的核心设计团队。

刘金峰（金风）
凡夫室内设计有限公司负责人
国家注册高级室内建筑师
音联邦电气私人影院定制机构特邀客座设计顾问
美克美家战略合作设计师
深圳《南方都市报》特邀设计师

擅长各种风格的空间设计，善于营造空间情绪氛围，用叙事的方式给予空间不一样的心灵体验，强调空间带给人的情感包容，一直坚持设计应该实用结合美感，重视客户内心对家的期望，用设计的专业素养，来提升客户梦想家的空间气质，尽量隐藏设计手法，让家真正意义上成为为业主量身定制的梦想大宅。同时空间功能的设计结合客户的生活习惯，细致入微的收纳空间设计，让客户最终得到美感和功能兼备的梦想之家。

特约专家顾问

李文彬

桃弥室内设计工作室创始人

武汉 80 后新锐设计师代表人物

武汉十大设计师之一

以个性、人性化定制设计著称，作品多次刊登在《时尚家居》《瑞丽家居》等主流家居杂志，《交换空间》常驻推荐设计师。

陈芳

武汉陈放设计顾问有限公司
创始人

个人擅长设计现代、极简、东方禅意等风格简约空间。具有 15 年从业经验，坚持做"撕掉风格标签"的原创设计，为每一位业主定制专属家居生活。

作品收藏于《极简主义》《好想住日式风的家》《现代美式风格》《北欧简约风格》《臻品 BOSS 创意家＋》《大武汉》《拓者优秀作品集》。

余颢凌

四川尚舍生活设计创始人

生活美学践行者、高级室内设计师
中国室内装饰协会陈设艺术专业委员会副秘书长
Studio.Y 余颢凌设计事务所设计总监
BCSD 柏城上建筑设计咨询（上海）有限公司合伙人

从事室内设计 21 年。